# CLEMENTE FIGUERA
Y LA MÁQUINA DE LA ENERGÍA INFINITA

## Alejandro Polanco Masa

© Biblioteca Ephimera

Primera edición: Octubre de 2017

www.bibliotecaephimera.com

Con agradecimiento especial a JLM por su ayuda en la obtención de documentación histórica sobre Clemente Figuera.

*Cualquier forma de reproducción, distribución, comunicación pública o transformación de esta obra solo puede ser realizada con la autorización de sus titulares, salvo excepción prevista por la ley.*

# ÍNDICE

Parte I - 1902 .................................................................. 11
Parte II - Las patentes ..................................................... 29
Parte III - Prensa ............................................................ 97

*D. Clemente Figuera.- El nombre del celoso e inteligente ingeniero, Inspector de montes de Canarias, es hoy universalmente conocido, gracias a las noticias publicadas por la prensa acerca del generador de su invención, destinado a producir trascendentales consecuencias, ya que aporta un elemento valiosísimo en la mecánica moderna, resolviendo problemas que han de influir poderosamente en la mayor parte de las industrias.*

*Dice el meritísimo ingeniero, en un trabajo recientemente publicado.-"Con persistente empeño guarda la naturaleza sus secretos; pero la inteligencia del hombre, don el más preciado que debe al divino autor de todo lo creado, permite que poco a poco y aún a costa de estudios y trabajos mil, venga la raza humana dándose cuenta de que la obra de Dios es más perfecta y armónica de lo que parece a primera vista. No se necesitó crear un agente para cada clase de fenómeno, ni variar fuerzas que produzcan los múltiples movimientos, ni tantas substancias como variedades de cuerpos se presentan ante nuestros sentidos; que al obrar así, fuera proceder digno de un artífice menos sabio y poderoso que aquel, que con una sola materia y un solo impulso dada a un átomo, puso en vibración toda la materia cósmica, según una ley de la cual son las demás consecuencias lógica y naturales"*

*Y más adelante, agrega: "El sigo XX nos ha dado la merced de descubrirnos su programa en líneas generales. Abandona en manoseado sistema de las trasformaciones, y toma los agentes allí donde la naturaleza los tiene almacenados. Para producir calor, luz o electricidad, se ampara del movimiento vibratorio que le convenga, porque los almacenajes de que dispone se renuevan incesantemente y no tienen término jamás. Para la generación que nos sigue, las máquinas de vapor serán una antigualla, y a las negruras del carbón de piedra, sustituirán las pulcritudes de la electricidad, en las fábricas y talleres, en los transatlánticos, en los ferrocarriles y en nuestros hogares"*

*Así se expresa el Sr. Figueras, quien consecuente con su credo científico, ha basado su trascendental invención en el aprovechamiento de las vibraciones del éter, construyendo el aparato que denomina Generador Figueras, con la potencia necesaria para poner en marcha a un motor, asimismo de su invención, que desarrolla una fuerza de veinte caballos. Hay que advertir que la energía que se alcanza puede aplicarse a toda clase de industrias y que su coste es nulo, puesto que nada se gasta para obtenerla. Todas las piezas se han construido aisladamente en diversos talleres bajo la dirección del inventor, quien ha mostrado el aparato movido en su domicilio de la ciudad de las Palmas.*

*Sostiene el inventor que su generador resolverá una porción de problemas, entre ellos los que se derivan de la navegación, porque en poquísimo espacio pueda llevarse una gran potencia, afirmando que el secreto de su invento se asemeja al huevo de Colón.*

*Con el generador puede obtenerse el voltaje y amperaje que precise, lo mismo en corrientes continuas que en alternativas, produciendo luz, fuerza motriz, calor y todos los efectos de la electricidad. Dícese que en breve marchará a París el Sr. Figueras, para construir un sindicato encargado de la explotación de su invento.*

*A la galantería de nuestro buen amigo el distinguido fotógrafo de las Palmas D. Luis Ojeda, debemos la ocasión, que agradecemos, de dar a conocer a nuestros lectores el retrato de D. Clemente Figueras, a quien felicitamos por su invento, haciendo votos fervientes para que produzca los beneficiosos resultados que desea, en provecho de la humanidad, en bien de la ciencia y honra de nuestro país, que ha de enorgullecerse contándole en número de sus ilustres hijos.*

La Ilustración artística, 9 de junio de 1902.

Arriba, fotografía de Clemente Figuera tomada en 1867. Abajo, imagen de Figuera tal como aparecía en *La Ilustración artística*, 9 de junio de 1902.

# PARTE I
# 1902

# LOS ELECTRICISTAS

Cada poco tiempo aparece en prensa cierto tipo de historia que parece repetirse una y otra vez. Al igual que durante siglos han existido incontables personas obsesionadas con el esquivo y, hasta donde sabemos, imposible "movimiento perpetuo", también han surgido desde los albores de la tecnología eléctrica iluminados que pretendieron haber accedido a una forma nueva de energía (llamada por muchos "energía libre") que promete revolucionar el planeta.

Tal y como sucedía con aquellos soñadores de las máquinas de movimiento perpetuo, los nuevos y fantasiosos perseguidores de la energía infinita y "gratuita" no han dejado de surgir por todas partes. A lo largo del siglo XX, y de lo que va de nuestro siglo XXI, se cuentan por cientos las propuestas de máquinas eléctricas que prometen generar energía a partir de la nada, o más bien partiendo de imaginarias asunciones que han terminado en nada. De momento, y hasta que se demuestre lo contrario de forma inequívoca, ninguna de esas propuestas ha llegado muy lejos, esto es: no han cumplido lo prometido. Y esa promesa pasa, por lo general, con la ruptura con respecto a las leyes físicas conocidas. La mayor parte de esos personajes rayan el comportamiento obsesivo, cuando no entran directamente en la locura, o bien son personas con muy buena intención pero sin formación adecuada, lo que hace que terminen por confundir errores de medición, o de procedimiento, con algo revolucionario.

Es algo que seguirá sucediento. Sería agradable ver que un día algún genio aparece habiendo encontrado cierto truco de la naturaleza que, hasta ahora, se nos haya escapado. Pero, hasta ahora, no hay pruebas inequívocas de que eso haya sucedido.

Ahora bien, el caso que nos ocupa en este pequeño libro es ciertamente diferente a muchos otros. Clemente Figuera y Peter Blasberg afirmaron en 1902 haber logrado lo que nigún otro había conseguido, esto es: una máquina que generaba potencia eléctrica a partir de la nada, o más bien del éter, como decían ellos. La afirmación, tan común como otras por el estilo, guarda ciertas peculiaridades que convierten a este caso en algo digno de estudio por parte de la historia de la ciencia y de la técnica.

Naturalmente, no hay indicios suficientes, ni de lejos, como para poder afirmar que aquello que los dos "electricistas", tal y como ellos se denominaban, fuera cierto. Desde que publiqué los primeros datos acerca de sus patentes, que dormían desde hacía más de un siglo sin que hubieran sido consultadas, han sido muchos los entusiastas que han intentado replicar los experimentos de Figuera-Blasberg. Ya sea porque en esas patentes se omite algo fundamental o, más seguramente, porque el procedimiento no es lo que parece, ha resultado que nadie ha logrado el éxito en ese empeño o, si lo ha hecho, ha callado.

El objetivo de este libro no es sino dar a conocer la documentación histórica que he podido recopilar acerca de este caso a lo largo de los últimos años. Sobre si los dos "electricistas" habían encontrado algo realmente importante o si estaban equivocados, no es algo que vaya a ser comentado aquí. El único interés de estas páginas consiste en difundir ese material histórico, sin entrar en ningún tipo de valoración acerca del caso en sí.

La única muestra de extrañeza que mostraré acerca de ello será la siguiente: de los cientos de casos similares que he analizados, es el único en el que, por la posición social, científica y económica de los protagonistas, parecen estar lo más alejados que pueda imaginarse de la idea del "científico loco" (*crank science*).

Esa fue la razón que me llevó a investigar este caso: por qué razón personas aparentemente cualificadas y con posiciones de prestigio, arriesgan todo para dar a conocer una idea o una tecnología que, a primera vista, no son reales.

# EL CASO FIGUERA

Esta historia comenzó a principios de 2003, mientras me encontraba cerrando toda la base documental para redactar el que fue mi primer libro, *Herejes de la Ciencia*. Para dar forma a esa obra recopilé cientos de fichas sobre teorías, científicos y tecnologías que, o bien fueron consideradas muy atrevidas en su tiempo, aunque terminaron finalmente aceptadas o, por otra parte, eran todavía tomadas como locuras sin sentido. Los personajes principales eran verdaderos herejes de la ciencia, siempre en el filo entre lo demostrable y lo que sólo es palabrería. Entre todas esas fichas había toda una colección de falsarios y vividores que a lo largo de la historia han gritado a los cuatro vientos haber dado vida a máquinas de movimiento perpetuo. Ninguno de ellos me llamó lo más mínimo la atención, sobre todo porque caen de lleno en lo pseudocientífico y no había caso, no eran la frontera, ni siquiera se hallaban cerca de la ciencia, eran simples embaucadores. Por supuesto, una máquina de movimiento perpetuo es imposible, hasta donde sabemos, con las leyes de la física no se puede jugar, son inflexibles.

Pero apareció entre todo ello un caso realmente singular y atractivo. No surgió en la búsqueda ninguna máquina que rompiera las leyes de la termodinámica, pero sí encontré un caso muy especial que me ha intrigado durante años. En este tiempo he recopilado todo lo que he podido acerca de ello y, aunque no es mucho lo rescatado, creo que es suficiente como para mantener cierta intriga.

Todo comenzó cuando localicé una noticia curiosa en un viejo diario. En torno al día 9 de junio de 1902 el *New York Times* y el *New York Herald* (ver Parte III de este libro) publicaron una breve nota sobre cierto encuentro que había mantenido un periodista con un ingeniero español llamado Clemente Figueras. Nótese desde aquí que el apellido real del protagonista de este libro es Figuera, pero en muchos de los periódicos y revistas de la época que he podido recopilar se empeñan en nombrarlo como Figueras.

La noticia sobre ese encuentro fue publicada, y repetida, por diversos periódicos en España, Inglaterra y los Estados Unidos, llegando incluso a lugares tan lejanos como Australia. Lo que me llamó la atención de la nota fue que se afirmaba, con rotundidad, que el ingeniero Figuera había construido una máquina eléctrica que no necesitaba combustible para funcionar. Ningún otro detalle aparecía en los periódicos, todos repetían las mismas frases. Me picó la curiosidad, en primer lugar porque nunca había escuchado nada sobre el tal Figuera y, sobre todo, por esa supuesta máquina novedosa de la que apenas comentaban nada. Decidí bucear un poco más en los datos, poco imaginaba entonces que la búsqueda se alargaría durante años.

Al poco, volví a encontrar a Clemente Figuera en un lugar inesperado, entre la correspondencia privada de Nikola Tesla.

En la correspondencia entre Tesla y Robert U. Johnson que puede consultarse en la *Tesla Collection* de la Columbia University Library, aparece mencionado.

Tesla afirma en una de las cartas, después de leer una de las noticias publicadas en la prensa sobre el ingeniero español y su supuesta máquina capaz de extraer energía eléctrica de la atmósfera, que él ya había llegado a las mismas conclusiones hacía tiempo.

No tengo ni idea de a qué conclusiones se refería Tesla, porque en la prensa no se daba ningún detalle sobre el mecanismo de Figuera. ¿Acaso habrían contactado personalmente? Es algo dudoso, pero no deja de ser curiosa esa rotunda afirmación. Con un montón de recortes de prensa del año 1902 y la carta de Nikola Tesla, decidí comenzar la caza de Clemente Figuera.

Carta manuscrita de Nikola Tesla a Robert U. Johnson acerca de las noticias aparecidas sobre Clemente Figuera en el *New York Times* y en el *New York Herald* el 9 de junio de 1902. Nikola Tesla Collection / Columbia University Library.

**Transcripción**

June 10, 1902
Dear Luka,
The invention seems to have been suggested by my article which has given great trouble to you and infinitely more to me. Look up page 200 of *Century* particularly where I refer to novel facts. The report is not likely to be true but it is singular that I have also found a solution which I have been following up since a long time and which promises very well. I was at the point of revealing my method in the article but you pressed me so hard that I did not have enough energy left to doit. Iamglad now. The conditions at the Pic of Teneriffe are ideal for the success of such methods as I contemplate to employ for getting a steady supply of small amounts of energy.

Sorry I was unable to call.

Nikola.

Fuente: Oliver Nichelson, *Nikola Tesla's "Free Energy" Documents*.

La mejor forma de comenzar la tarea consistía en recopilar todos los recortes de prensa de la época en los que apareciera citado Clemente Figuera. No fueron muchos: entre 1902 y 1906 sólo pude localizar una unos veinte y, además, todos ellos parecían copias unos de otros. He aquí, por ejemplo, lo publicado en el *Chicago Daily Tribune* el 9 de junio de 1902, que es un ejemplo perfecto de lo publicado en muchos otros periódicos de diversos países alrededor de la misma fecha:

> ***Londres, por cable al Chicago Tribune, Junio 9, 3 a.m.***
> *El señor Clemente Figueras, de Las Palmas, Islas Canarias, ha sido reconocido por haber creado un mecanismo capaz de generar electricidad sin el uso de ninguna acción mecánica o química, sólo mediante el empleo de sencillas técnicas que permiten extraer electricidad de la atmósfera. La noticia de la invención nos llega gracias al corresponsal que el Daily Mail envió a Las Palmas, quien afirma que el señor Figueras ha construido ya una máquina completamente funcional. (...) El descubridor, Clemente Figueras, es ingeniero de montes en las Islas Canarias y durante muchos años ha sido profesor de física en el Colegio de San Agustín en Las Palmas, donde ha alcanzado gran reconocimiento como científico. (...)*

Bien, ya tenemos algunas de las piezas del puzzle. Aparece un ingeniero canario, una máquina que extraería energía de la atmósfera, aunque eso fue una apreciación errónea por parte del periodista, y también otros datos, como la condición de profesor de física del inventor y, como también se afirma más adelante en el artículo, la intención de patentar esa tecnología en Madrid y Berlín (de la supuesta patente alemana nunca más se supo, de las españolas sí, como se verá a continuación). El siguiente paso lógico era acudir a la Oficina Española de Patentes y Marcas (OEPM) para comprobar de qué se estaba hablando y de si, realmente, existían tales patentes. Pero, antes, cabe hacer mención breve a lo que la prensa española publicó sobre este caso por esas fechas. Por ejemplo, en la edición de mayo de 1902 de la revista *La Lectura de ciencias y artes* se decía lo siguiente:

> *En los periódicos ingleses se hacen extensas referencias a un descubrimiento importantísimo llevado a cabo por D. Clemente Figueras, ingeniero de montes de las Islas Canarias y profesor de física en el Colegio de San Agustín de Las Palmas. El señor Figueras ha estado trabajando a la callada con objeto de encontrar un procedimiento para utilizar directamente, es decir, sin dinamos y sin agentes químicos, las enormes cantidades de electricidad que existen en la atmósfera y que se renuevan sin cesar, constituyendo un depósito inagotable de esta forma de energía. Nuestro compatriota (…) ha logrado sus propósitos, habiendo conseguido inventar un generador con el cual puede recoger y almacenar el fluido eléctrico atmosférico en disposición de poderlo emplear después para la tracción de tranvías, trenes, etc, o para poner en función maquinarias en las fábricas para alumbrar las casas y las calles. Aun cuando no se conocen los detalles del procedimiento que el señor Figueras se reserva hasta tenerlo completamente perfeccionado, se asegura que su invento producirá una tremenda revolución económica e industrial. El aparato ideado por el señor Figueras ha sido construido por piezas separadas, y con arreglo a los dibujos por él hechos, en diferentes casas de París, Berlín y Las Palmas. Recibidas las piezas, el ingeniero las ha montado y articulado en su gabinete. La casa de Berlín que construyó algunas de las piezas, de tal manera entró en curiosidad de saber para qué se utilizarían, que juntamente con ellas envió a un ingeniero a las Islas Canarias, con el pretexto de ayudar a su montaje y con el propósito real de conocer y dibujar el aparato entero, pero no ha logrado su objetivo. Según parece, el aparato del señor Figueras consta esencialmente de tres partes: un colector, un transformador y un acumulador; de suerte que, en resumen,*

*lo que hace es recoger la electricidad atmosférica, transformándola de estática en dinámica y almacenar ésta en una batería secundaria para utilizarla después en la forma y cantidad que convenga. Tenemos entendido que el inventor vendrá pronto a Madrid y marchará luego a Berlín y a Londres, y entonces se podrá conocer el procedimiento en todos sus detalles.*

Desconozco de dónde tomaba la prensa la idea sobre la "electricidad atmosférica", porque en las patentes de Figuera, y en otros documentos sobre el caso, no se menciona nada parecido. Lo que quedaba claro después de leer todos los recortes era que el personaje merecía ser investigado, aunque fuera someramente. El material que encontré después fue inesperado. Por experiencia, después de haber recopilado decenas de historias que suenan de similar modo, sobre supuestos inventores de máquinas milagrosas de todo tipo, siempre se llegaba a la misma conclusión, a saber, que eran aventureros solitarios, la mayoría sin formación adecuada ni prestigio, que creían haber inventado algo genial o, simplemente, eran simples estafadores (existe un mundo curioso al respecto, donde sobresalen de vez en cuando los que desafían a Albert Einstein, todo un grupo aparte). Pero con Clemente Figuera encontré al perfecto ingeniero respetado y respetable, un personaje muy valorado en su época y que nada tenía que ver con soñadores locos que presentan inventos sin sentido. Fue la propia vida de Figuera la que me llamó la atención, porque no tiene nada que ver con la de un aventurero diletante.

Siguiendo la pista entre papeles oficiales y publicaciones en prensa pude reconstruir una pequeña biografía de Clemente Figuera, en la que se observa a una persona de trayectoria intachable. Clemente Figuera y Ustáriz, el nombre completo de nuestro protagonista, aparece mencionado en noviembre de 1865 con referencia elogiosa hacia el futuro ingeniero, que en esa época cursaba sus estudios superiores. Aparece igualmente entre los aspirantes al Cuerpo de Montes. *La Guía Oficial de España* lo sitúa en Salamanca hacia 1872, lo que sería uno de sus muchos destinos.

En 1875 vuelve a aparecer Figuera en los papeles, en esta ocasión con motivo de un traslado. Se menciona que trabajaba como ingeniero de montes en Málaga y era requerido su traslado a Granada. Poco a poco fue ascendiendo en su profesión, en 1880 fue nombrado Ingeniero Jefe de Segunda Clase y durante varios años ocupó ese cargo en la provincia de Badajoz, pasando en 1899 a ser Ingeniero Jefe en Canarias. En 1903 ascendió a Inspector General de Segunda Clase y, en 1904, fue trasladado a Barcelona con el cargo de Inspector. Nuevamente asciende en 1906 al rango de Inspector de Primera Clase, permaneciendo en Barcelona hasta su fallecimiento, que sucede a finales de 1908. Es curioso leer los elogios que realizan sus compañeros ingenieros en la prensa en la hora de su muerte, siendo considerado un miembro intachable y muy respetado de su profesión. En diversos documentos oficiales también se puede leer cómo, a lo largo de su extensa carrera, Clemente Figuera recibió encargos por parte de diferentes gobiernos para realizar estudios de gran importancia a la hora de establecer actividades económicas en Canarias y en Cataluña. Con todos estos datos en la mano, quedé pensativo: ¿qué necesidad tenía un respetado ingeniero de meterse a inventor y correr el riesgo de ser tachado, cuando menos, de fantasioso? Lo más llamativo de todo era que su faceta de inventor era, al parecer, algo que llevaba en el más absoluto de los secretos, desvelando esa parte de su vida sólo cuando se dispuso a solicitar patentes e, incluso entonces, decidió pasar lo más inadvertido posible.

Había llegado la hora de averiguar cómo funcionaba la máquina de Figuera. Los resultados de la búsqueda fueron nuevamente sorprendentes, porque no se parecen a nada que hubiera imaginado anteriormente (sobre todo si se hacía caso a lo que publicaba la prensa sobre el caso). El primer paso lógico era averiguar si realmente existían patentes cuya paternidad se pudiera atribuir a Clemente Figuera. La búsqueda ofreció frutos muy pronto. He aquí todas sus patentes según la Oficina Española de Patentes y Marcas. Las he dividido en dos grupos con una notación muy personal, dependiendo del lugar de residencia del solicitante en la época en que se cursaron los trámites. Cabe decir que Pedro Blasberge, que aparece como coautor en varias de las patentes, era también un personaje intrigante, que más tarde llegó a ser director de una fábrica de gas en Las Palmas:

### Serie de patentes "Canarias"

Patente número: 30375. Título: *Un procedimiento para obtener corrientes eléctricas enteramente iguales a las que dan los actuales dinamos.* Fecha de solicitud: 20-09-1902. Solicitante: Figuera Urtáiz, Clemente / Blasberge, Pedro.

Patente número: 30376. Título: *Máquina que sin necesidad de fuerza motriz produzca corrientes eléctricas aplicables a todos los husos.* Fecha de solicitud: 20-09-1902. Solicitante: Figuera Urtáiz, Clemente / Blasberge, Pedro.

Patente número: 30377. Título: *Un procedimiento nuevo para obtener corrientes eléctricas sin necesidad de emplear fuerza motriz, ni pilas, ni acumuladores ni demás medios análogos.* Fecha de solicitud: 20-09-1902. Solicitante: Figuera Urtáiz, Clemente / Blasberge, Pedro.

Patente número: 30378. Título: *Un generador eléctrico.* Fecha de solicitud: 20-09-1902. Solicitante: Figuera Urtáiz, Clemente / Blasberge, Pedro.

## Patente "Barcelonesa"

Patente número: 44267. Título: *Un nuevo generador de electricidad denominado "Figuera"*. Fecha de solicitud: 31-10-1908. Fecha de concesión: 16-11-1908. Solicitante: Figuera Urtáiz, Clemente.

Después de repasar la lista con cuidado no tardé más que unos minutos en solicitar a la Oficina de Patentes (Archivo Histórico) copia de todas ellas. Por desgracia, me informaron que todas ellas estaban dañadas, al parecer, por la humedad de una antigua inundación que afectó a los archivos. Apenas si pudieron facilitarme copia, con algunos daños, de las patentes 30375 y 44267, esto es, la primera y la última de la serie. En ellas se puede leer cómo el planteamiento de Figuera es muy original y nada tiene que ver con extraer energía de la atmósfera.

Después de haber comentado el caso con varios ingenieros, aunque convenimos en que, muy posiblemente, no fuera capaz de funcionar, aparece cierto aspecto intrigante porque, en la época en que fueron publicadas estas patentes, se pedía ofrecer un modelo completo y en funcionamiento que era revisado a conciencia antes de ser aceptada la solicitud de patente. Conociendo el prestigio de Figuera, me rondaba la cabeza la pregunta: ¿habría encontrado realmente Figuera una tecnología que fuera mínimamente interesante? La limitación a la hora de poder consultar el resto de las patentes hacía que mantuviera la duda, pues desconocía entonces por completo qué podrían contener el resto de documentos dañados. En las dos patentes revisadas entonces puede verse cómo, de forma ingeniosa y con métodos mecánicos, el ingeniero pretendía generar energía eléctrica en el interior de una bobina variando el flujo de dos campos magnéticos opuestos y enfrentados (recuerda ciertamente a un tipo de transformador eléctrico), todo ello intentando que se reproduzca en la máquina el mismo comportamiento que el característico de un generador convencional, pero sin partes móviles. No dudo de que en la bobina se generen corrientes inducidas, como él pensaba, pero pretender que se genere más energía en esa bobina, o conjunto de bobinas, que la necesaria para crear los campos inductores, por mucho que éstos varíen en el tiempo con gran rapidez, es algo muy atrevido.

Desde aquella primera búsqueda de información, he tenido acceso a nuevos documentos acerca de Clemente Figuera. Poco a poco he podido ir reconstruyendo la carrera del ingeniero, he podido consultar todas las patentes al completo y han aparecido bastantes sorpresas. Por ejemplo, he aquí un dato curioso: Constantino Buforn (socio financiero de Clemente Figuera tal y como aparece en los documentos de su última patente) obtuvo varias patentes sobre el sistema de Figuera al poco de la muerte de éste. Esas patentes, que he consultado con interés gracias a la Oficina Española de Patentes y Marcas, no aportan realmente nada que no estuviera ya incluido en la última de las patentes de Figuera. Se trata de las patentes 47706, 50216, 52968, 55411 y 57955, solicitadas entre 1910 y 1914.

En el número 116 de Revista de Montes[1], junto a Francisco Grimalt Falcó, publicamos una pequeña reseña sobre la vida de Figuera como ingeniero. He aquí un extracto de esa publicación, en la que se iban aclarando algunos aspectos sobre la vida de nuestro protagonista:

> *Clemente Figuera y Ustáriz (...) Ingresó en la Escuela Especial de Ingenieros de Montes, terminando sus estudios con el número 4 de la 15ª promoción (1867) (...). El 15 de septiembre de 1865, antes de finalizar sus estudios, ingresó en el Cuerpo de Ingenieros de Montes.*

---

[1] *Clemente Figuera y Ustáriz (1848-1908): Ingeniero de Montes e inventor.* Revista de Montes. ISSN: 0027-0105, Num. 116, marzo de 2014).

*Del ejercicio de la profesión pocas cosas conocemos, únicamente los destinos en la incipiente administración forestal española. Como Ingeniero 2º estuvo en el D.F. de Toledo (1870) y una vez ascendido a Ingeniero 1º continuó en el D.F. de Toledo (1871); después pasó por el D.F. de Segovia (1872-1873), el D.F. de Salamanca (1873-1874), el D.F. de Málaga (1875), el D.F. de Granada (1875) y el D.F. de Canarias (1877-1880). Posteriormente ascendió a Ingeniero Jefe de 2ª clase (1880) y continuó como jefe en el D.F. de Canarias (1881). Desconocemos cuándo ascendió a Ingeniero Jefe de 1ª clase pero estuvo destinado en el D.F. de Badajoz (1892-1898) y nuevamente en el D.F. de Canarias (1899-1902). Cuando ascendió a Inspector General de 2ª clase (1903) fue trasladado a la Inspección General del Cuerpo en Barcelona (1904-1905). Ascendido a Inspector General de 1ª clase (1906) continuó en Barcelona (1906-1907), ciudad en la cual falleció ejerciendo en el cargo, en noviembre de 1908, a punto de cumplir 60 años.*

*Se casó con una mujer natural de Canarias y parece ser que tuvo descendencia. Durante su destino en Las Palmas fue profesor de física en el Colegio San Agustín.*

Bien, ya tenemos, aunque somera, una visión clara acerca de la carrera de un ingeniero muy respetado en su tiempo. Y no sólo como ingeniero forestal, sino para tareas en el exterior, o para estudiar nuevos proyectos industriales, fue requerido Figuera, tanto en su estancia en Canarias como posterior mente en Cataluña. Por ejemplo, un informe de la Sociedad Económica de Amigos del País de Las Palmas detalla el viaje de Figuera y otros ingenieros para estudiar las posibilidades "del cultivo de caña dulce y la fabricación del azúcar y los alcoholes".

Antes de continuar, cabe mencionar un dato pintoresco. He aquí, lo que nos ofrece Matías Fernández García en su recopilación de documentos de la madrileña Parroquia de San Sebastián acerca del padre de Clemente y su familia:

***Figuera, Manuel María (Fiscal en Cuba).***
*Del extinguido Consejo de Indias, Fiscal de la Real Audiencia cesante de la Isla de Cuba, Caballero de Alcántara, natural de la Isla de Santo Domingo, hijo de D. Francisco, natural de Nueva Barcelona y Alcalde del Crimen en Méjico y de Doña Juana Bobadilla, natural de Santo Domingo, estuvo casado con Doña Guadalupe Ustariz de Ybarra, natural de Cádiz, hija del capitán de navío D. Juan Bautista Ustariz y de Doña María Angustias de Ybarra, naturales de Santo Domingo en la Isla Española; tuvieron estos hijos: María, que nació el 12 de abril de 1839 en la calle del Príncipe, siendo padrino el abuelo materno y en su nombre D. Manuel María Figuera, hermano de la bautizada, y testigos D. Joaquin Campuzano, Secretario de la embajada de Méjico y D. Pedro Gorsevis, natural de Bilbao. (72 Baut., fol 315 vto). Otra María, que nació el 31 de enero de 1841 en la calle del Príncipe número 17. (73 But., fol. 187 vto);* **Clemente, que nació el 19 de diciembre de 1842** [en otros documentos se menciona Madrid, 1845 o 1848, pero ésta primera parece la fecha más probable] **"en el Mar, en el Paralelo de las Islas Bermudas".** *(74 Baut., fol. 90); Rafael, natural de Madrid, hijo de D. Manuel María Figuera, jubilado de la Intendencia de la Habana y Superintendencia general de la Isla de Cuba, etc, y de su mujer Doña Susana Sánchez Toscano, natural de Pamplona, murió de 15 años el día 27 de marzo de 1845 de tisis pulmonar. (44 Dif., fol. 208); y María Clementina Figuera, natural de Madrid, de 5 meses de edad, murió el 20 de julio de 1841. (41 Dif., fol. 101).*

Con respecto a la muerte de Clemente Figuera, se ha podido estudiar su certificado de defunción, que arroja estos datos: tenia tres hijos y falleció el 2 de noviembre de 1908 en su domicilio barcelonés de la Calle Mallorca de parálisis cardiaca (sólo dos dias despues de depositar su patente del 31 de octubre).

Su hijos eran Nieves, Manuel y Clementina. Su mujer María Dolores Navarro Torrens (nacida en 1858 y hermana de Andrés Navarro Torrens, que fuera cofundador del Museo Canario), y sus padres Manuel Figuera y Guadalupe Ustariz de Ybarra, tal y como aparecía igualmente referido en la documentación de la parroquia madrileña antes citada. En sus últimas voluntades aparece que Clemente Figueras (con "s" ) no otorgó testamento.

No son muchos más los datos que actualmente haya podido recopilar sobre la vida de Figuera, al margen de los recortes de prensa, sobre todo del año de presentación de su invención, 1902. Cabe mencionar que Clemente Figuera aparece mencionado en un acuerdo entre el Ayuntamiento de Las Palmas de Gran Canaria y el ingeniero para llevar a cabo un proyecto de electrificación en esa ciudad con fecha 10 de diciembre de 1883.

Consta escritura de sociedad de 12 de agosto de 1902 otorgada a Clemente Figuera y Pedro Blasberg en Santa Cruz de Tenerife. El documento deja claro que la nueva sociedad Figuera-Blasberg pretendía comercializar los generadores eléctricos por ellos inventados, justo en unas fechas en las que la prensa hablaba acerca de una posible venta de los derechos de las patentes a un "sindicato bancario", aunque también se habló del interés de empresas madrileñas, catalanas, alemanas e incluso de los Estados Unidos. Peter Blasberg (que castellanizó su nombre como Pedro en la documentación de la época), al parecer había llegado a las Canarias desde Alemania para trabajar como joven ingeniero eléctrico. Blasberg fue protagonista años más tarde de la industrialización de las islas, siendo director de una gran planta de gas y alumbrado.

> Varias Compañías extranjeras se han dirigido por telégrafo, haciéndole ventajosas proposiciones, al ingeniero D. Clemente Figueras para explotar su invento. El inventor sólo ha aceptado, en principio, las proposiciones que le ha dirigido una Sociedad de banqueros de Madrid, que le ofrece treinta millones de pesetas para dedicarlas á la explotación del invento que he telegrafiado.—*Sandoval*.

*El Heraldo de Madrid*, 25 de abril de 1902.

## Nueva industria

### LA FÁBRICA DE GAS

Atentamente invitados, tuvimos el gusto de concurrir ayer al sitio donde se está construyendo la Fábrica de gas.

El ilustrado ingeniero alemán señor Oppenheim y el futuro director señor Blasberg nos recibieron con exquisita galantería y en unión de ellos recorrimos el extenso terreno dedicado á la instalación de tan importante industria, en el cual se levantan ya las paredes de los distintos edificios que formarán la Fábrica, destinados á las oficinas, casa del Director, maquinaria, hornos, depósitos de carbón, medición y purificación del gas, etc., etc., que ocuparán un área de terreno de 10.000 metros cuadrados.

*El Progreso*, 27 de marzo de 1907.

# PARTE II
# LAS PATENTES

# LAS PATENTES FIGUERA-BLASBERG

Clemente Figuera y Pedro Blasberg solicitaron cuatro patentes en España. Todas ellas les fueron concedidas. Sucedió en 1902, logrando las siguiente patentes:

**Num. 30375** (Solicitud: 20 de septiembre, 1902).
*Un procedimiento para obtener corrientes eléctricas enteramente iguales a las que dan los actuales dinamos.*

**Num. 30376** (Solicitud: 20 de septiembre, 1902).
*Máquina que sin necesidad de fuerza motriz produzca corrientes eléctricas aplicables a todos los usos.*

**Num. 30377** (Solicitud: 20 de septiembre, 1902).
*Un procedimiento nuevo para obtener corrientes eléctricas sin necesidad de emplear fuerza motriz, ni pilas, ni acumuladores ni demás medios análogos.*

**Num. 30378** (Solicitud: 20 de septiembre, 1902).
*Un generador eléctrico.*

Ya en solitario, y poco antes de su muerte, Clemente Figuera solicita una nueva patente, que viene a ser una evolución de su modelo inicial de 1902. Esta patente está firmada por su nuevo socio: Constantino de Buforn.

**Num. 44267** (Solicitud: 31 de octubre, 1908).
*Un nuevo generador de electricidad denominado "Figuera".*

A continuación, y como principal aportación de esta obra, se ofrece la transcripción de todas las patentes de Figuera y Figuera-Blasberg, junto con otros documentos adicionales.

# PATENTE 30375

## NUEVO PROCEDIMIENTO PARA LA OBTENCION DE CORRIENTES ELECTRICAS EN GENERAL Y APLICABLES A USOS INDUSTRIALES

### MEMORIA DESCRIPTIVA

Todos los sistemas adoptados, hasta la presente, para producir corrientes eléctricas, se basan en el conocido principio de que, al imantarse y desimantarse rápidamente un núcleo de hierro dulce que se acerca y se aleja de un imán, nacen corrientes inducidas en un hilo de cobre que se halla arrollado en el referido núcleo. Este es el principio fundamental de la máquina de Clarke, de la Sociedad "La Alianza", y de las dinamos actuales, que, como todas las demás, son máquinas de transformación de la fuerza mecánica en electricidad. En todas ellas, las imantaciones y desimantaciones sucesivas del núcleo o núcleos se consigue acercándose y alejándose éstos de imanes o electroimanes permanentes, llamados excitadores.

Los que inscriben, han ideado un nuevo método o procedimiento para producir éstos cambios de estado magnético en los núcleos, y éste procedimiento consiste en hacer que la corriente que acciona los electroimanes excitadores sea intermitente, o alterna de signos, en cuyo caso, ni los núcleos, ni el circuito inducido necesitan, para nada, moverse.

Toda la cuestión se reduce a hacer cambiar el estado de imantación de los núcleos, para que, en el hilo del inducido, se produzcan corrientes eléctricas.

Hasta ahora, se ha conseguido este resultado haciendo que el núcleo o núcleos se acerque o alejen rápidamente de los centros magnéticos creados por los electroimanes excitadores. Nosotros, valiéndonos de una corriente eléctrica intermitente o alterna, hacemos variar el estado magnético de los núcleos de los electroimanes excitadores, y, variando también, por influencia, el estado magnético de los núcleos sobre los que se halla arrollado el circuito inducido, nacen en él, corrientes eléctricas susceptibles de aprovecharse industrialmente.

Como el núcleo de hierro dulce de una dinamo se convierte en un verdadero imán desde el momento en que circulan corrientes por el hilo del circuito inducido, pensamos que éste núcleo debe estar formado o constituido por un agrupamiento de verdaderos electroimanes, hechos en las condiciones debidas para que desarrollen la mayor fuerza atractiva posible, y sin tener en cuenta, para nada, las condiciones a que debe ajustarse el circuito inducido, que es completamente independiente del núcleo.

El procedimiento queda, pues, reducido a establecer un circuito inducido independiente, dentro de la esfera de acción o atmósfera magnética formada entre las caras polares, de nombre contrario, de dos electroimanes, o series de electroimanes, accionados por corrientes intermitentes o alternas.

En las dinamos actuales, los carretes del circuito inducido, cortan las líneas de fuerza que van desde las caras de los electroimanes excitadores, al núcleo; en nuestro procedimiento, esas mismas líneas de fuerza, que nacen y mueren, atraviesan los carretes del inducido.

La novedad de nuestro procedimiento, consiste en lo siguiente:

1. En que no se necesita para nada emplear fuerza motriz, puesto que las máquinas que se construyan según estos principios, no serán de transformación de trabajo en electricidad.
2. En que, hasta la presente, industrialmente, nada ha intentado alterar, desde cero el poder magnético de los imanes o electroimanes excitadores de una máquina en marcha.

Nota: para lo cual solicita la patente: Procedimiento para obtener corrientes eléctricas, estableciendo un circuito inducido inmóvil e independientemente, dentro de la esfera de acción o atmósfera magnética formada entre las caras polares de dos electroimanes, o series de electroimanes excitadores fijos, accionados por corrientes intermitentes o alternas.

Madrid, 2 de septiembre de 1902.
Firmado: Clemente Figueras.

Patente 30375

**MINISTERIO DE AGRICULTURA
INDUSTRIA, COMERCIO Y OBRAS PÚBLICAS**

DIRECCIÓN GENERAL
DE
AGRICULTURA, INDUSTRIA Y COMERCIO

PATENTES DE INVENCIÓN

Expediente núm. 30375

Instruido á instancia de los Sres Don Clemente Figuera y Don Pedro Blasberge

Representante Sr. _____

Presentado en el ~~Gobierno civil de la provincia de~~ Registro de este Ministerio en 20 de Septbre de 1902, á las 11
Recibido en el Negociado en 25 de Septbre de 1902.

Patente 30375

Nuevo procedimiento para la obtención de corrientes eléctricas en general, y aplicables á usos industriales.

Memoria descriptiva.

Todos los sistemas adoptados, hasta la presente, para producir corrientes eléctricas, se basan en el conocido principio de que, al imantarse y desimantarse rápidamente un núcleo de hierro dulce que se acerca y se aleja de un imán, nacen corrientes inducidas en un hilo de cobre que se halla arrollado en el referido núcleo. Este es el principio fundamental de la máquina de Clarke, de la sociedad "La Alianza" y de las dínamos actuales, que, como todas las demás, son máquinas de transformación de la fuerza mecánica en electricidad. En todas ellas, las imantaciones y desimantaciones sucesivas del núcleo ó núcleos se consiguen acercándose y separándose éstos de imanes ó electroimanes permanentes, llamados excitadores.

Los que suscriben, han ideado un nuevo método ó procedimiento para producir estos cambios de estado magnético en los núcleos, y este procedimiento consiste en hacer que la corriente que acciona los electroimanes excitadores sea intermitente ó alterna de signos, en cuyo caso, ni los núcleos ni el circuito inducido necesitan, para nada, moverse.

Toda la cuestión se reduce á hacer cambiar el estado de imantación de los núcleos, para que, en el hilo del inducido, se produzcan corrientes eléctricas. Hasta ahora, se ha conseguido este resultado, haciendo que el núcleo ó núcleos se acerquen y se alejen rápidamente de los centros magnéticos creados por los electroimanes excitadores. Nosotros, valiéndonos de una corriente eléctrica intermitente ó alterna, hacemos variar el estado magnético de los núcleos de los electroimanes excitadores, y, variando también, por influencia, el estado magnético de los núcleos sobre los que se halla arrollado el circuito inducido, nacen, en él, corrientes eléctricas susceptibles de aprovecharse industrialmente.

Como el núcleo de hierro dulce de una dínamo se convierte en un verdadero imán desde el momento en que circulan corrientes por el hilo del circuito inducido, pensamos que éste núcleo debe estar formado ó constituido por un agrupamiento de verdaderos electroimanes, hechos en las condiciones debidas para que desarrollen la mayor fuerza atractiva posible, y sin tener en cuenta, para nada, las condiciones á que debe ajustarse el circuito inducido, que es completamente independiente del núcleo.—

El procedimiento queda en pues reducido á establecer un circuito inducido independiente, dentro de la esfera de acción ó atmósfera magnética formada entre las caras polares, de nombre contrario de dos electroimanes, ó séries de electroimanes, accionadas por corrientes intermitentes ó alternas.

En las dinamos actuales, las carretes del circuito inducido, cortan las líneas de fuerza que van desde las caras, de los electroimanes ejcitadores, al núcleo: en nuestro procedimiento, son mismas líneas de fuerza, que nacen y mueren, atraviesan las carretes del inducido.—

La novedad de nuestro procedimiento, consiste en lo siguiente:
A.= En que no se necesita para nada emplear fuerza motriz, puesto que las máquinas que se construyan segun estos principios, no serán de transformación de trabajo en electricidad.—
B.= En que, hasta la presente, industrialmente, nadie ha inventado alterar, desde cero al máximum, el poder magnético de los imanes ó electroimanes ejcitadores de una máquina en marcha.—

## Nota
para la cual se solicita la patente.—

Procedimiento para obtener corrientes eléctricas, estableciendo un circuito inducido, inmóbil é independiente, dentro de la esfera de acción ó atmósfera magnética formada entre las caras polares de dos electroimanes, ó séries de electroimanes ejcitadores fijos, accionadas por corrientes intermitentes ó alternas.

Madrid, 2 de Septiembre de 1903.

# PATENTE 30376

## MÁQUINA ELECTRICA FIGUERA – BLASBERG

## MEMORIA DESCRIPTIVA

Al poner en marcha una máquina dinamo-eléctrica, los electroimanes inductores ejercen acción atractiva sobre el núcleo de hierro dulce, pero como es redondo, no hay demasiada dificultad en hacerle girar más o menos rápidamente. Pero tan pronto nacen corrientes en los carretes del circuito inducido, el núcleo de hierro dulce se convierte en un verdadero imán y aumenta, entonces - extraordinariamente- la dificultad de hacerlo girar.

Todo el mundo sabe que la corriente que da la dinamo, es producida porque los carretes del inducido cortan las líneas de fuerza de los imanes produciendo así la inducción; y se supone que la fuerza necesaria para mover la maquina se aplica a hacer girar el inducido, con el fin de que sus carretes corten las dichas líneas de fuerza.

Los que suscriben se han persuadido de que no es exacta esta manera de ver la cuestión; y creen que los caballos de vapor que consume la dinamo, para su funcionamiento, se emplean solamente en hacer girar el núcleo, y vencer la gran fuerza de atracción que se ejerce mutuamente entre los polos de los electroimanes inductores y los del núcleo, que no es más que un imán. Creen también que para que para la existencia de campos magnéticos, no hay necesidad de que el núcleo gire, y para que los carretes del inducido corten las líneas de fuerza magnética basta con que gire el circuito inducido, es decir, los carretes solos, sin el núcleo de hierro dulce. Pero como, al nacer las corrientes en los carretes, el núcleo se convierte en un verdadero electroimán piensan los inventores que suscriben que el electroimán debe estar constituido a semejanza de los imanes excitadores, esto es, en las mejores condiciones para que, al pasar la corriente por el hilo arrollado en el núcleo, este núcleo se convierta en un imán tan poderoso como sea posible.

En la construcción de las dinamos actuales el hilo de cobre que recubre el núcleo ha de ser -forzosamente- de longitud y de grueso determinado para que la corriente que en él nazca, produzca el amperaje y el voltaje deseado, y esta longitud y este grueso de dicho alambre, no permiten arrollarlo en el núcleo en las condiciones debidas para constituir un buen electroimán.

Por el contrario, construyendo una dinamo en que el núcleo y los imanes excitadores estén fijos, y se muevan o giren solamente los carretes del circuito inducido, puede hacerse el electroimán del núcleo en las mejores condiciones para obtener, en sus polos, un potente electromagnetismo, e independientemente de este núcleo-electroimán se pueden construir los carretes del inducido con el hilo de cobre del grosor y longitudes necesarias para que la dinamo de el voltaje y amperaje que se desee.

En resumen: en la máquina que se trata de privilegiar, los imanes excitadores se construyen como los de las máquinas actuales, y en el número, tamaño y disposición que se desee. El núcleo está compuesto por una agrupación de tantos electroimanes como los excitadores, y por los hilos de los electroimanes excitadores y de los electroimanes del núcleo puestos todos ellos, tanto los unos como los otros en tensión o en cantidad o como convenga para la corriente excitadora que solamente tiene por objeto convertir a los electros en imanes muy poderosos y crear los campos magnéticos que se forman entre los polos de cada imán excitador y su correspondiente del núcleo. Tanto los electroimanes excitadores, como los del núcleo, que son también excitadores se hallan terminados por expansiones de hierro o acero, colocando frente a frente estas expansiones y cuidando que, delante de cada polo de un nombre, este colocado otro polo de nombre contrario. El núcleo está compuesto de electroimanes fijos sobre el eje, y ni aquellos, ni éste giran. El inducido formado de carretes en arrollado de tambor, gira sobre su eje, dentro de los campos magnéticos acompañado del colector y de una polea, para que un motor cualquiera le dé movimiento.

Como el cobre es diamagnético la fuerza necesaria, para hacer girar los carretes del inducido será muy pequeña, aun teniendo en cuenta el roce de las escobillas, resistencia del aire, cojinetes, y mayor o menor atracción de corrientes eléctricas; de modo que puede emplearse para dar movimiento rápido de rotación del inducido, un motor eléctrico relativamente débil, accionado por una corriente independiente cualquiera, o por una parte de la corriente total dada por la máquina.

Por lo tanto los Señores Don Clemente Figuera y Don Pedro Blasberg, a nombre y en representación de la sociedad "Figuera-Blasberg" atendiéndose a los principios establecidos por las Leyes piden respetuosamente privilegio definitivo o patente de invención que se describe así:

El circuito inductor o excitador está formado por dos series de varios electroimanes, fijos todos ellos, y colocados convenientemente para que cada polo de una serie este enfrente y a corta distancia del polo de nombre contrario de otro electroimán de la otra serie. Entre la pequeña separación que hay entre las expansiones de estos imanes giran los carretes del inducido, que arrastran, en su giro, colectores y poleas de transmisión. La figura del dibujo adjunto, que no es más que teórica, da idea de la disposición que se privilegia. La excitación de los electroimanes se hace por cualquiera de los medios conocidos, o por combinaciones de los mismos.

El objeto de la patente consta en la siguiente nota:

### NOTA

Invención de una máquina eléctrica capaz de dar los mismos efectos que las dinamos actuales, y en la que solamente giran los carretes del inducido, pero no el núcleo que esta fijo y sin movimiento, y constituido por un grupo de electroimanes semejantes a los excitadores de las dinamos hoy en uso, formando el circuito excitador fijo tanto los electroimanes exteriores como los interiores o del núcleo, y girando solamente el circuito inducido, con colector y poleas de transmisión de movimiento.

Barcelona de 5 de septiembre de 1902
Firmado: Clemente Figuera y Pedro Blasberg

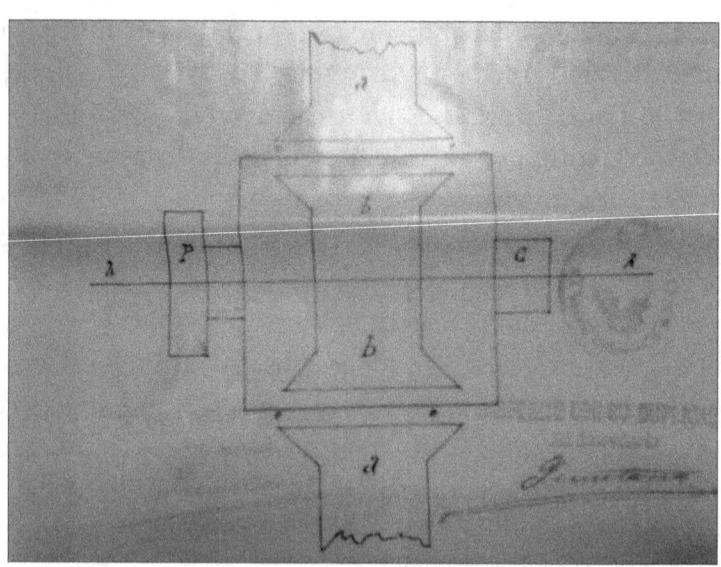

Gráfico de la patente 30376

# PATENTE 30377

## OTRO NUEVO PROCEDIMIENTO PARA OBTENER CORRIENTES ELECTRICA APLICABLES A TODOS LOS USOS

## MEMORIA DESCRIPTIVA

En todas las máquinas magneto y dinamo-eléctricas, desde la de Clarke, hasta las más perfeccionadas, existe un alambre de cobre, llamado circuito inducido, que se arrolla, de manera más o menos conveniente e ingeniosa, sobre un núcleo de hierro dulce. Este núcleo, sometido a la acción sucesiva de los polos de nombre contrario de varios electroimanes va sufriendo cambios magnéticos rapidísimos que producen las corrientes eléctricas inducidas; y en la práctica, estos efectos se consiguen merced al giro ó revolución, más o menos veloz del circuito inducido con su núcleo, o del circuito excitador con el suyo, necesitándose, en ambos casos, buena cantidad de fuerza mecánica para vencer la fuerza de atracción que se ejerce entre los electroimanes excitadores y el núcleo del inducido.

Pero como la distribución y establecimiento de los campos magnéticos es siempre la misma e independiente del giro, los que suscriben han pensado que, para que los carretes del circuito inducido corten las líneas de fuerza existentes entre las caras polares de los electroimanes excitadores y el núcleo, y se produzca así la inducción, no hace falta que el núcleo se mueva, y basta con que el circuito inducido se halle separado por una pequeñísima distancia de este núcleo, y gire solamente dicho inducido, para lo cual, no se necesita de gran fuerza puesto que, siendo el cobre diamagnético, bastará el esfuerzo necesario y suficiente para vencer resistencia del aire, roce de escobillas, y mayor o menor atracción de corrientes a corrientes, esfuerzo que se obtiene fácilmente valiéndose de un electromotor apropiado y excitado por una corriente independiente, o por una parte alícuota de la corriente total dada por la máquina. Este procedimiento permite obtener corrientes extraordinariamente idénticas a las que hoy nos dan las actuales dinamos, pero sin necesidad de emplear fuerza motriz que hoy se consume y emplea, en su casi totalidad, en hacer girar rapidísimamente el núcleo de hierro dulce.

De modo que lo que nosotros hacemos, es dejar quieto el circuito excitador y los núcleos de este circuito y del inducido, y hacer girar solamente el circuito inducido dentro de la esfera de acción, o campos magnéticos existentes entre las caras polares de los electroimanes excitadores y el núcleo del inducido.

Con el fin de que los campos magnéticos sean más intensos formamos éste núcleo por un agrupamiento de verdaderos electroimanes semejantes a los demás, y esto tiene la ventaja de que el circuito inducido, como independiente y separado del núcleo, se construye en la forma y disposición más conveniente. El colector y la polea o poleas de trasmisión del movimiento, giran también con el tambor inducido.

### NOTA, para la que se solicita la patente

Procedimiento de obtención de corrientes eléctricas originadas en un circuito inducido que gira, con colector y poleas de trasmisión de movimiento, cortando sus carretes las líneas de fuerza que van desde las caras polares de una serie de electroimanes fijos, a las de otros análogos y también fijos, que se hallan colocados enfrente de los primeros.

Madrid, a 2 de septiembre de 1902.
Firmado: Clemente Figuera

# PATENTE 30378

## GENERADOR ELÉCTRICO FIGUERA - BLASBERG

Desde el año 1833, en que Pixii, en Francia construyo la primera máquina magneto-eléctrica, hasta la época presente, todas las maquinas magneto y dinamo-eléctricas que la ciencia de los inventores ha llevado a la industria reposan en el fundamento en la ley de inducción que dice: "todo imán que se acerca o se aleja de un circuito cerrado, produce, en él, corrientes de inducción" En el anillo de Gramme y en la dinamos actuales, la corriente se produce por la inducción que se ejerce en el hilo del circuito inducido, al cortar sus carretes las líneas de fuerza creadas por los electroimanes excitadores, o sea al moverse dicho inducido, rápidamente, dentro de la atmosfera magnética existente entre las caras polares de los electroimanes excitadores y el núcleo de hierro dulce del inducido. Para producir este movimiento, se necesita emplear fuerza mecánica en cantidad grande, porque es preciso vencer la atracción magnética entre los electros excitadores y el núcleo, atracción que se opone al movimiento, así es que las actuales dinamos son verdaderas maquinas de transformación del trabajo mecánico en electricidad. Pero como la distribución y establecimiento

Los que suscriben, piensan que es exactamente lo mismo que los carretes del inducido corten las líneas de fuerza, o que éstas líneas de fuerza atraviesen el hilo del inducido, pues no cambiando nunca, por el giro, la disposición de los campos magnéticos, no se ve la necesidad de que éste núcleo se mueva, para que se produzca la inducción. Dejando quieto tanto el circuito inducido como el núcleo, es indispensable que nazcan y se extraigan o mueran las líneas de fuerza, lo cual se consigue haciendo que la corriente excitadora sea intermitente o alterna de signos.

Las actuales dinamos, proceden de agrupaciones de máquinas de Clarke, y nuestro generador recuerda, en su principio fundamental, al carrete de inducción de Ruhmkorff. En aquella maquina se crea la inducción por el movimiento del circuito inducido: en el generador, la inducción se produce por las intermitencias de la corriente que imanta los electroimanes, y como para conseguir estas intermitencias o cambios de signo, solamente se necesita una cantidad pequeñísima o casi despreciable de fuerza, llegamos, con nuestro generador, a producir los mimos efectos de las dinamos actuales, sin emplear, para nada, fuerza motriz.

En la disposición de los imanes excitadores y del circuito inducido tiene nuestro generador alguna analogía con las dinamos, pero difieren completamente de ellas en que, no necesitando el empleo de fuerza motriz, no es aparato de transformación. Por más que nosotros tomemos, como punto de partida, el principio fundamental en que se apoya la construcción del carrete de inducción de Ruhmkorff, nuestro generador no es un agrupamiento de estos carretes de los cuales difiere completamente. Tiene este la ventaja de que el núcleo de hierro dulce puede hacerse o construirse con entera indiferencia del circuito inducido, y hacer que éste núcleo sea un grupo de verdaderos electroimanes, semejantes a los excitadores, y cubiertos con un hilo apropiado para que éstos electroimanes desarrollen la mayor fuerza atractiva posible, sin preocuparse para nada de las condiciones que debe tener el circuito inducido, según el voltaje y el amperaje que se deseé obtener. En el arrollado de éste hilo inducido, dentro de los campos magnéticos, se siguen las prescripciones y practicas hoy conocidas en la construcción de las dinamos, y nos abstenemos de entrar en más detalle, por creerlas innecesarias.

Los inventores que suscriben, constituyen su generador, de la manera siguiente: Varios electroimanes están colocados uno enfrente al otro, y separados sus caras polares de nombre contrario por una pequeña distancia. Los núcleos o almas de todos estos electroimanes están formados de manera que se imanten y se desimanten rápidamente y no conserven magnetismo remanente. Por el espacio que queda vacío entre las caras polares de los electroimanes de estas dos series, pasa el hilo inducido o de una pieza, o de varias, o de muchas. Una corriente excitadora, intermitente, o alterna acciona todos los electroimanes, que están unidos o en serie, o en cantidad, o como convenga, y en el circuito inducido, nacen corrientes que componen, en conjunto, la corriente total del generador. Queda pues suprimida la fuerza mecánica, puesto que no hay nada que necesite moverse. La corriente excitadora, o es una corriente independiente, que, si continua, se interrumpe o se cambia de signo alternativamente por cualquiera de los medios conocidos, o es una parte de la corriente total del generador como se hace hoy en las dinamos actuales.

Fundados en estas consideraciones, los Señores Don Clemente Figuera y Don Pedro Blasberg, a nombre y en representación de las sociedad "Figuera- Blasberg" piden respetuosamente se les conceda patente definitiva de invención por éste generador cuya figura y disposición aparece en los dibujos adjuntos, advirtiendo que, en ellos, y para mayor claridad se hace figurado solamente ocho electroimanes, o sean dos series de a cuatro electros excitadores en cada una, y se ha señalado el circuito inducido por una línea gruesa de tinta encarnada, siendo esto así, la disposición general del aparato, pero sin que signifique que se puedan colocar mas o menos electroimanes y en otra forma o agrupamiento.

La invención para la que se solicita la patente consta en siguiente nota.

## NOTA

Invención de un generador eléctrico que sin empleo de fuerza mecánica, puesto que en él nada se mueve, produce los mismos efectos de las actuales maquinas dinamo-eléctricas merced a varios electroimanes fijos que, excitados por una corriente discontinua o alterna, crean inducción en un circuito inmóvil, colocado dentro de los campos magnéticos de los electroimanes excitadores.

Barcelona, a 5 de Septiembre de 1902
Firmado: Clemente Figuera y Pedro Blasberg

Gráfico de la patente 30378

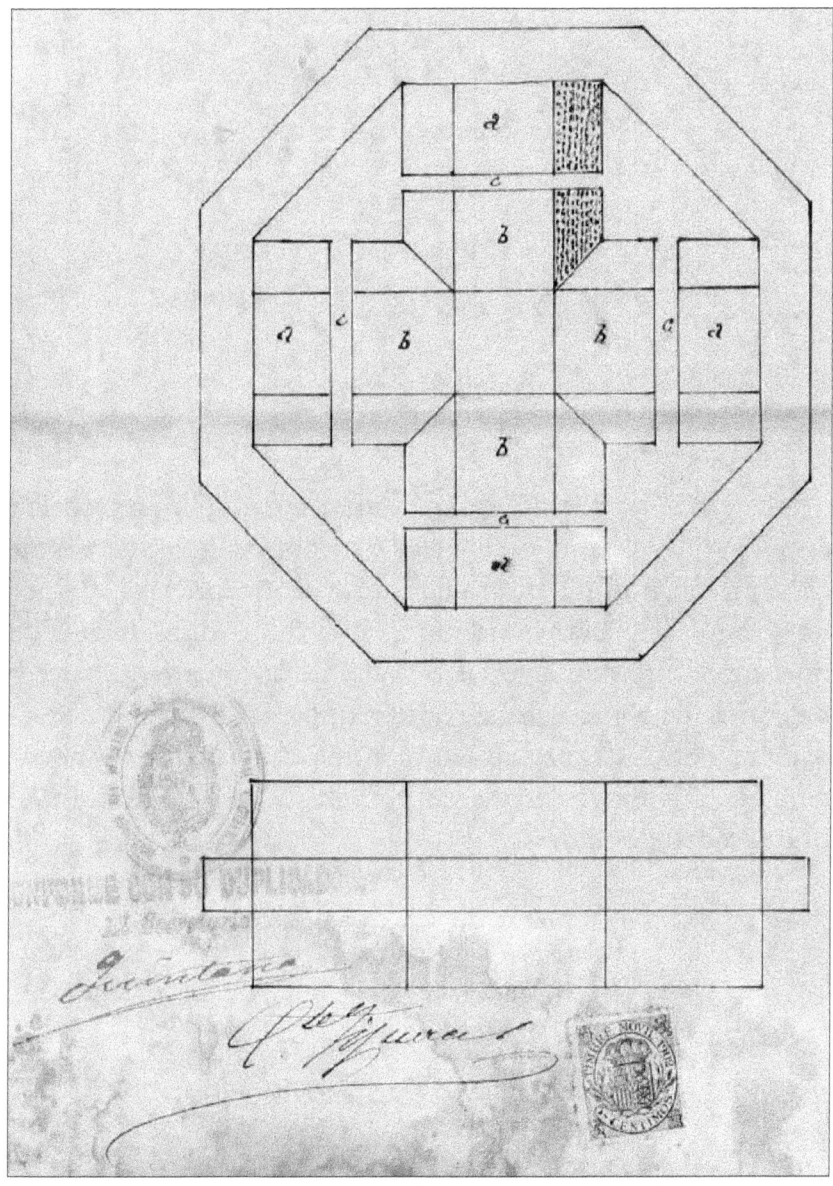

La siguiente patente es muy especial, no sólo por ser una evolución del sistema de Figuera sino por cuándo fue presentada. La solicitud fue presentada el 31 de octubre de 1908 por un socio de Figuera, Constantino Buforn, y admitida el 2 de noviembre, precisamente en la fecha de la muerte, al parecer repentina, de Figuera. Existe documento de explotación de esta patente a favor del propio Constantino Buforn y, sorprendentemente, a Francisco María de Borbón y Castellví de Borbón, primo carnal de Alfonso XII.

# PATENTE 44267

## GENERADOR ELÉCTRICO "FIGUERA"

*Ministerio de Fomento Dirección General de Agricultura, Industria y Comercio Patentes de Invención. Caducada. Expediente número 44267 Instruido a instancia de D. Clemente Figuera Representante Sr. Buforn. Presentado en el Registro del Ministerio en 31 de Oct de 1908, a las 11´55 Recibido en el Negociado en 2 de Nov de 1908.*

## ANTECEDENTES

Si dentro de un campo magnético se hace girar un circuito cerrado, colocado perpendicularmente a las líneas de fuerza, en dicho circuito nacerán corrientes inducidas que durarán tanto tiempo como dure el movimiento, y cuyo signo dependerá del sentido en que se mueva el circuito inducido.

Este es el principalmente de todas las máquinas magneto y dinamo- eléctricas, desde la primitiva, inventada por Pixii, en Francia y modificada después por Clarke hasta los actuales dinamos, hoy más perfeccionados.

El principio o base de su teoría, trae aparejada la ineludible necesidad del movimiento del circuito inducido o del inductor, y de ahí que se tomen estas máquinas como <u>transformadoras</u> del trabajo mecánico en electricidad.

## PRINCIPIO DE LA INVENCIÓN

Observando atentamente lo que sucede en una dinamo en marcha, se ve que las espiras del inducido no hacen más que <u>acercarse</u> y <u>separarse</u> de los centros magnéticos de los imanes o electroimanes inductores, y que dichas espiras, en su giro, van atravesando secciones del campo magnético de diferente poder, pues, mientras este tiene su máximo de acción en el centro del núcleo de cada electroimán, esta acción se va debilitando conforme el inducido se separa del centro del electroimán, para agrandar otra vez, cuando dicho inducido se aproxima al centro de otro electroimán de signo contrario al primero.

Puesto que todos sabemos que los efectos que se manifiestan cuando un circuito cerrado se <u>aproxima</u> y se <u>aleja</u> de un centro magnético son los mismos que cuando, estando <u>quieto</u> e <u>inmóvil</u> este circuito, el campo magnético dentro del cual está colocado <u>ganando</u> y <u>perdiendo</u> en intensidad; y puesto que toda <u>variación</u> que por cualquiera causa, se produzca en el flujo que atraviese a un circuito es motivo de producción de corriente eléctrica inducida, se pensó en la posibilidad de construir una máquina que funcionara, no según el principio de <u>movimiento</u>, como lo hacen las actuales dinamos, sino según el principio de aumento y disminución, o sea de <u>variación</u> del poder del campo magnético, o de la corriente eléctrica que lo produce.

La tensión de la corriente total de las actuales dinamos es la <u>suma</u> de las corrientes inducidas parciales nacidas en cada una de las espiras del inducido. Poco importa que estas corrientes parciales estén obtenidas o por el <u>giro</u> del inducido, o por la <u>variación</u> del flujo que las atraviesa; pero, en el primer caso, se necesitará para el giro del inducido una fuente mayor de la que se puede obtener transformando en trabajo mecánico la corriente total de la dinamo, y en el segundo caso, la fuerza necesaria para conseguir la variación del flujo es tan insignificante que se puede <u>derivar</u> sin inconveniente alguno, de la total suministrada por la máquina.

No hay hasta la presente ninguna máquina fundada en este principio que no ha sido aplicada aun a la producción de grandes corrientes eléctricas industriales, y que entre otras ventajas, tiene la de suprimir toda necesidad de movimiento y por lo tanto, de la fuerza necesaria para producirlo.

Como lo que se trata de privilegiar es la aplicación a la producción de grandes corrientes eléctricas industriales, del principio que dice que "hay producción de corriente eléctrica inducida siempre que se modifique de una manera cualquiera el flujo de fuerza que atraviesa el circuito inducido," parece que basta con lo anteriormente expuesto; sin embargo como esta aplicación necesita materializarse en una máquina, hay necesidad de describirla con el fin de que se vea la manera práctica de hacer la aplicación de dicho principio.

Este principio, no es nuevo puesto que no es más que una consecuencia de las Leyes de la inducción sentadas por Faraday en el año 1831: lo que sí es nuevo y que se quiere privilegiar es la aplicación de este principio a una máquina que produzca grandes corrientes eléctricas industriales, que hasta la presente no se pueden obtener sino transformando en electricidad el trabajo mecánico.

Vamos pues a hacer la descripción de una máquina fundada en el antes dicho principio que se privilegia; pero debe hacerse presente que, como lo que se solicita es la patente por la aplicación del principio, toda máquina que se construya fundada en dicho principio, estará comprendida en ésta patente, cualquiera que sea la forma y manera que se haya empleado para hacer la aplicación.

## DESCRIPCIÓN DEL GENERADOR DE EXCITACIÓN VARIABLE "FIGUERA".

La máquina está formada por un circuito inductor fijo, constituido por varios electroimanes con núcleos de hierro dulce que ejercen inducción en el circuito inducido, también fijo e inmóvil, compuesto de varios carretes o espiras, convenientemente colocadas. Como ninguno de los dos circuitos han de girar, no hay necesidad de hacerlos redondos, ni de dejar espacio alguno entre uno y otro.

Aquí, lo que cambia <u>constantemente</u> es la <u>intensidad</u> de la corriente excitadora que imanta los electroimanes excitadores y esto se consigue valiéndose de una resistencia a través de la que, una corriente apropiada, que se toma de un origen exterior cualquiera imanta uno o varios electroimanes, y, conforme la resistencia va siendo mayor o menor, la imantación de los electroimanes va aminorando o aumentando y <u>variando</u>, por lo tanto, la intensidad del campo magnético, o sea del flujo que atraviesa al circuito inducido.

Para fijar las ideas es conveniente valerse de la figura adjunta que no es más que un dibujado para entender el funcionamiento de la máquina que se construya según el principio antes reseñado.

Supongamos que se trata de los electroimanes representados por los rectángulos N y S. Entre sus polos se halla el circuito inducido representado por la línea "y" (pequeña). Sea "R" una resistencia que se dibuja de manera elemental para facilitar la comprensión de todo el sistema, y "+" y "-" la corriente excitadora que se toma de un generador exterior y extraño a la máquina. Los diferentes trozos de la resistencia van a parar, como se ve con el dibujo a las delgas incrustadas en un cilindro de materia aislante que no se mueve; pero alrededor de él y siempre en contacto con más de una delga gira una escobilla "O" que lleva la corriente del origen exterior. Uno de los extremos de la resistencia se halla enlazado con los electroimanes N y el otro con los electroimanes S la mitad de los extremos de las partes de la resistencia van a parar a la mitad de las delgas del cilindro y la otra mitad de dichas delgas está unida directamente con las primeras.

El funcionamiento de la máquina es el siguiente: se ha dicho que la escobilla "O" gira alrededor del cilindro "G" y siempre en contacto con dos de sus delgas. Cuando está en contacto con la delga "1" la corriente que viene del generador y pasa por la escobilla y delga "1", va a imantar al máximun los electroimanes N pero no los S porque lo impide toda la resistencia; de modo que los primeros electroimanes están <u>llenos</u> de corriente y los segundos <u>vacíos</u>. Cuando la escobilla está en contacto con la delga "2" la corriente no va entera a los electroimanes N porque tiene que atravesar parte de la resistencia; en cambio a los electrodos S va ya algo de corriente porque esta tiene que vencer menos resistencia que en el caso anterior. Este mismo razonamiento es aplicable al caso en que la escobilla "O" cierre el circuito como en cada una de las distintas delgas hasta que terminadas las que están en una semicircunferencia empiezan a funcionar las de la otra semicircunferencia que están directamente unidas a las otras. En suma la resistencia hace el oficio de un distribuidor de corriente; puesto que la que no va a excitar unos electroimanes excita a los otros y así sucesivamente; pudiendo decirse que los electrodos N y S obran simultáneamente y en opuesto sentido pues mientras los primeros van <u>llenándose</u> de corriente se van <u>vaciando</u> los segundos y repitiéndose este efecto seguida y ordenadamente se mantiene una alteración constante en los campos magnéticos dentro los cuales se halla colocado el circuito inducido, sin más complicaciones que el giro de una escobilla o grupo de escobillas que se mueven circularmente alrededor del cilindro "G" por la acción de un pequeño motor eléctrico.

Como se ve en el dibujo la corriente una vez ha hecho su oficio en los diferentes electroimanes vuelve al generador de donde se ha tomado; naturalmente que en cada revolución de la escobilla habrá un cambio de signo en la corriente inducida; pero un conmutador la hará continua si así se desea. De esta corriente se deriva una pequeña parte y con ella se excita la máquina convirtiéndola en auto excitadora y se acciona el pequeño motor que hace girar la escobilla y el conmutador; se retira la corriente extraña o de <u>cebo</u> y la máquina continua su misión sin necesidad de que le presten ayuda ninguna para suministrarla indefinidamente.

Como la invención es verdaderamente nueva; muy atrevida y sobre todo de consecuencias técnicas e industriales enormes bajo todos conceptos, no se ha querido solicitar privilegio de invención hasta no tener funcionando una máquina basada en estos principios lo cual da a este escrito la sanción práctica sin la que serían inútiles cuantas consideraciones se hicieran.

## VENTAJAS DEL GENERADOR ELÉCTRICO "FIGUERA"

Primera Dar, completamente de balde, corrientes eléctricas continuas o alternas de cualquiera tensión y cantidad aplicables a:

1. Producción de fuerza motriz. 2. Producción de luz.
2. Producción de calor.
3. Todos los demás usos.

Segunda No necesitar en absoluto de fuerza motriz de ninguna clase ni de reacciones químicas, ni de ningún combustible.

Tercera No necesitar de lubricación sino en pequeñísimas cantidades. Cuarta Ser de vigilancia tan sencilla que puede tomarse por nula.

Quinta No producir humos, ni ruidos, ni trepidación alguna en su funcionamiento.

Sexta Ser de duración indefinida.

Séptima Ser aplicable a todos los usos domésticos e industriales.

Octava Ser de construcción fácil y corriente.
Novena Poderse obtener a precio relativamente bajo en el comercio.

# NOTA

La patente de invención que por veinte años se solicita debe recaer sobre un "NUEVO GENERADOR DE ELECTRICIDAD, DENOMINADO FIGUERA" de excitación variable, destinado a producir corrientes eléctricas industriales, sin empleo de fuerza motriz, ni de reacciones químicas, que está esencialmente caracterizado por dos series de electroimanes que forman el circuito inductor, entre cuyos polos van convenientemente dispuestos los carretes del inducido, permaneciendo fijos ambos circuitos, inducido e inductor y consiguiéndose la producción de la corriente inducida por la variación constante que se hace sufrir a la intensidad del campo magnético, obligando a la corriente excitadora (procedente, al principio de un manantial eléctrico exterior cualquiera) a pasar por una escobilla giratoria que en su movimiento de rotación se pone en comunicación sucesiva con las delgas o contactos de un cilindro o anillo distribuidor, delgas que a su vez están en comunicación con una resistencia cuyo valor irá variando de un máximun a un mínimun y viceversa, según el contacto o delga del cilindro que dé paso a la corriente hacia los electroimanes a cuyo fin dicha resistencia se halla en comunicación con los electroimanes N por uno de sus extremos, y con los S por el otro extremo, de modo tal, que la corriente inductora irá imantando sucesivamente con mayor o menor fuerza a los primeros a medida que, contrariamente, irá disminuyendo o aumentando la imantación en los segundos, determinando estas variaciones de intensidad del campo magnético, la producción de la corriente en el inducido, corriente que en su mayor parte podemos utilizar para cualquier trabajo, y de la cual solo una pequeña parte se deriva para el accionamiento de un pequeño electromotor que hace girar a la escobilla y otra parte se destina a la excitación continua de los electroimanes, con lo cual la máquina se convierte en auto excitatriz, pudiéndose por lo tanto retirar la corriente extraña que sirvió al principio para la excitación, una vez puesta la maquinaria en marcha, la cual sin nuevo gasto de fuerza continuará en su funcionamiento indefinidamente.

Todo de conformidad con lo descrito y detallado en la presente memoria y según se representa en los dibujos que se acompañan.

Barcelona, 30 de Octubre de 1908.<br>Firmado: Constantino de Buforn.

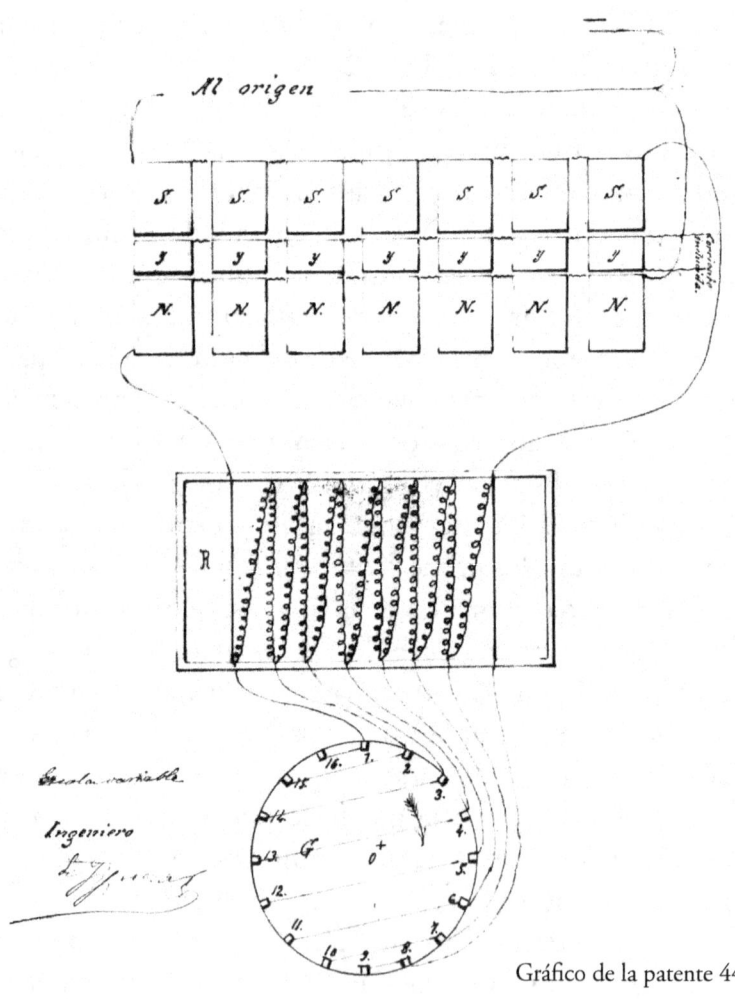

Gráfico de la patente 44267

# LAS PATENTES BUFORN

Tras la muerte de Clemente Figuera en 1908, se pierde toda pista acerca de su invención. Sin embargo, uno de sus socios finales, Constantino de Buforn, llevó a cabo una misteriosa acción que no parece tener mucho sentido, más allá de ser un intento de explotar comercialmente la tecnología de Figuera, al parecer sin ningún resultado, pues no consta que creara empresa alguna para ello, o que llegara a buen puerto ninguna negociación sobre esa explotación. La acción referida consistió en "repatentar", pues no se puede llamar de otro modo, el sistema Figuera de la patente 44267 en varias patentes nuevas, simplemente cambiando algunos detalles menores y con un lenguaje muy florido. Las patentes españolas otorgadas a Constantino de Buforn Jacas son las siguientes:

**Num. 47706** (Solicitud: 2 de abril, 1910).
*Generador de electricidad "Universal".*

**Num. 50216** (Solicitud: 4 de abril, 1911).
*Generador de electricidad denominado "Buforn".*

**Num. 52968** (Solicitud: 6 de mayo, 1912).
*Sistema de producción de electricidad "Buforn".*

**Num. 55411** (Solicitud: 19 de abril, 1913).
*Un nuevo sistema de producción de electricidad denominado "Buforn".*

**Num. 57955** (Solicitud: 14 de abril, 1914).
*Nuevo sistema de producción de electricidad denominado "Buforn".*

Dada la similitud existente entre todas las patentes de Buforn, se ha transcrito al completo el contenido de la última de ellas, que aparece a continuación, pues sirve como ejemplo del resto. Se adjunta igualmente transcripción del informe de puesta en práctica de la patente 47706.

# PATENTE 57955

## MEMORIA DEL SISTEMA DE PRODUCCION DE ELECTRICIDAD BUFORN

## ANTECEDENTES

Para los efectos de esta Memoria, entendemos por industria eléctrica aquella que tiene por objeto la producción de corrientes eléctricas industriales, prescindiendo al menos por ahora de las aplicaciones de esta misma corriente. Este es el principalmente de todas las máquinas magneto y dinamo- eléctricas, desde la primitiva, inventada por Pixii, en Francia y modificada después por Clarke hasta los actuales dinamos, hoy más perfeccionados.

Tal vez ninguna industria se ha desarrollado con menos tiempo y de tan gallarda manera como la industria eléctrica. La dinamo se ha constituido muy positivamente por cierto en reina de la industria. Los raudales de electricidad que ella suministra son ilimitados y sus aplicaciones de colosal importancia y de todos conocidas, pero el ser esta máquina forzosamente tributaria del motor, es circunstancia que encarece notablemente la producción de la corriente y acarreará la muerte y el olvido de tan simpática máquina.

Hace próximamente, sesenta años, nada más, no se sabía producir la electricidad sino mediante las pilas eléctricas. Vino la dinamo a permitir poner en práctica las mil aplicaciones que se han dado a la corriente que ésta produce.

El horizonte abierto por esta máquina parecía infinito, pero hace algún tiempo apareció una desiderata, cual es la supresión del motor o sea la producción directa de la electricidad sin transformación alguna.

El día que esto se consiga la industria eléctrica entrará en una nueva era de progreso y esplendor que le asegurará el número primero y el más importante entre todas las industrias, puesto que todas ellas usarán como base insustituible aquella encargada de producir la corriente eléctrica que envía luz a nuestras viviendas y a las vías públicas, calefacción a nuestros hogares y fuerza para la tracción terrestre y marítima y así como para las grandes y pequeñas industrias y para nuestras necesidades y quehaceres.

Ha tiempo es preocupación de sabios e inventores el hallar el medio de producir la electricidad, prescindiendo de esa serie de transformaciones que la hacen tan dispendiosa.

Pues parece a simple vista que la máquina dinamo está exenta de defectos, pero hay que tener presente que del detenido estudio de las acciones recíprocas entre corrientes y entre corrientes e imanes, dedujo Lenz la siguiente ley que anuncian en estos o parecidos términos algunos renombrados tratados de electrotecnia: "en un circuito cerrado que se desplaza en un campo magnético, el signo de la corriente inducida es tal que su acción se opone al movimiento.

El exacto cumplimiento de esta ley, es motivo que la máquina dinamo gaste una fuerza tan enorme como indispensable para vencer un freno de tan colosal potencia, que de no existir haría aquella innecesaria.

Calcúlese ahora, cual no sería el esplendor que se imprimiría al desarrollo de la industria, si existiese una dinamo que no fuese una transformadora sino una verdadera generatriz sin gasto alguno.

## PRINCIPIO DE INVENCION

El solo hecho de apuntar la idea de que la dinamo no sea una transformadora nos sugiere enseguida esta pregunta: ¿si la dinamo no es una transformadora, de donde procede la electricidad que ella produce? Para eso hay que remontarse a la dinamo ideal, aquella compuesta de una sola espira inducido, que gira cortando las líneas de fuerza del campo magnético terrestre. En este campo magnético, se produce corriente en un circuito cerrado que gira dentro de él.

Como este campo es sumamente extenso, podemos hacer girar en su seno, varios aros, en cada uno de los cuales se producirá una corriente de diferente tensión e intensidad, uniendo uno a otro los aros propuestos, las intensidades de la corriente se sumarán y podremos substituir al conjunto de aros, un solo aro con una masa y superficie igual a la suma de las superficies y de las masas de los aros antedichos.

Este razonamiento explica claramente, que una dinamo que absorbe un solo amperio para alimentar sus inductores dé trescientos amperios en el inducido. Repitiendo lo dicho, supongamos que dentro del campo magnético de una dinamo, giran varias espiras independientes de hilo delgado, cada una de éstas dará una determinada intensidad, y la suma de estas intensidades sería igual a lo que daría una sola espira que tuviese una sección magnética igual a la suma de las secciones de las varias espiras de hilo delgado.

Para explicar el aumento de tensión que dicen sale de la transformación del trabajo mecánico en la electricidad se sigue el siguiente razonamiento: Si dentro de un campo magnético y en el plano del meridiano magnético se colocan varias espiras o aros, en el momento que éstos giren, nacerá en el seno de ellos una corriente de determinada aún que débil tensión, y esta tensiones se sumarán unas con otras desde el momento que se coloquen los aros o espiras los unos a continuación de otros, es decir, en tensión.

Valiéndose de tan sencillo razonamiento es facilísimo explicarse que la máquina que absorbe un amperio a cien voltios, esto es, cien wats, de veinte mil wats en el inducido y para explicarnos este hecho, no se nos ha ocurrido mentar siquiera, la tan pretendida transformación del trabajo mecánico en electricidad.

Naturalmente, que al pasar de la dinamo ideal a la máquina práctica, no será posible en el campo magnético limitado de ésta, hacer girar un gran número de espiras como es posible hacerlo en el campo magnético terrestre, que es sumamente extenso, de donde se deduce que el poder de la dinamo está limitado, no solo por la intensidad del campo magnético, producido por los electroimanes, sino también por la extensión de su mismo campo.

Imposible es a primera vista explicarse la producción de la electricidad en la dinamo, sino se conviene, en que la corriente es el producto de la transformación del trabajo mecánico en electricidad, pero volviendo a la dinamo ideal, se advierte que los factores que integran la corriente son tres.

Primero: Campo magnético terrestre. Segundo: Espira del inducido. Tercero: Movimiento. Mientras estos tres factores existan sin descomponerse en las condiciones de relación y de posición que deben de existir, habrá siempre producción de corriente.

En la dinamo material sucede exactamente lo mismo. Mientras el campo eléctrico no varíe y sea constante el giro del inducido, habrá siempre producción de corriente y si ésta no tuviera que vencer resistencias atractivas de gran potencia O sea cumplir estrictamente la ley de Lenz, produciría una corriente mayor que la inductora y por tanto sería posible tomar de esta corriente, una parte alícuota para excitar los inductores, constituyendo así la dinamo auto-excitadora.

Y puesto que la ley dice que "hay producción de corriente en todo circuito cerrado, siempre que se modifique de una manera cualquiera el flujo de fuerza que lo atraviesa."

Existiendo dos modos distintos de modificar la intensidad de un flujo. El uno variando las distancias que separan el circuito inducido del inductor. Estando fundadas según este principio todas las máquinas magneto o dinamo eléctricas desde la de Clarke hasta la más perfeccionada y todas tienen el defecto de que según la ley de Lenz como acabamos de decir, hay en ellas atracciones fuertísimas cuya acción o impedimento para el giro del inducido es preciso vencer.

La otra manera de alcanzar los mismos fines, es hacer variar constante y ordenadamente la intensidad del campo magnético formado por los electroimanes.

Y tiene este procedimiento la ventaja de que no habiendo resistencias atractivas que vencer, no ha lugar aplicar la ley de Lenz y por tanto no se necesita fuerza mecánica alguna para vencer esta resistencia y se explica así, la producción de una energía eléctrica mucho mayor que la inductora, constituyendo así la generatriz auto-excitadora.

Queda así sentado que la dinamo no es una transformadora del trabajo mecánico en electricidad: ¿de donde procede pues, la corriente eléctrica que ella produce? La corriente de las generatrices puede ser producida, por la persistencia de un movimiento particular y desconocido de las moléculas de su masa.

Esa vibración particular, es producida por el campo magnético y mientras éste subsistirá la producción de la corriente, porque es la ley general que dice: - mientras subsistan las causas, perdurarán los efectos".

El campo magnético produce unas ondas eléctricas que actúan sobre las espiras del inducido, las dirige y las hace aptas para producir los efectos de corriente y como mientras perduren las causas, los efectos se producirán exactamente y en idénticas condiciones y por tiempo ilimitado.

La orientación que toman las moléculas del inducido, es decir, el trabajo que se verifica dentro de su masa o alrededor de ella, nos es tan desconocido como el que experimenta las moléculas de un trozo de hierro, que se imante merced a la corriente que circula por el hilo de un solenoide.

Solo vemos los efectos que se exteriorizan, los que tienen lugar dentro de la masa de los cuerpos se desarrollan en parajes, en donde ni nuestros sentidos ni nuestra inteligencia ha logrado penetrar. En todas las acciones moleculares nos pasa lo propio.

Hace próximamente ochenta años se descubrieron los fenómenos de inducción y nadie desde aquella fecha ha podido hallar la verdadera manera de obrar de la causa que los produce y estimula. Se usa de ellos en la práctica de la industria, se extraen grandes y positivos resultados, pero se emplean como el empírico que usa un medicamento porque conoce los efectos que produce, sin cuidarse de averiguar el porque y como estos resultados se obtienen.

La industria moderna prescinde muchas veces del fondo de las cosas, porque le basta de momento conocer los efectos y saber aplicarlos de manera conveniente a sus intereses.

Nunca como ahora puede decirse: "dame la cosa hecha y guárdate la manera de hacerla".

Al ver marchar una dinamo, se ha dicho con bastante ligereza: es preciso fuerza, luego la fuerza se ha convertido en electricidad.

La ciencia ha hallado después la relación existente entre una y otra la ha sometido al cálculo y ha sentado como indiscutible principio, que para producir tanta electricidad precisa emplear tanta fuerza, sin advertir que si eso es cierto como lo es, cuando se trata de producir la electricidad con las actuales dinamos, pudiera no serlo, cuando la electricidad se produzca por medios desconocidos, en los cuales la fuerza mecánica y las reacciones químicas sean innecesarias, es decir, cuando la corriente eléctrica se produzca directamente sin acudir a transformaciones de ninguna especie.

Se supone generalmente que la corriente eléctrica fluye por el conductor ganando una tras otra las moléculas del alambre; pero hay que tener presente que esta corriente que circula por el conductor, ejerce acciones sobre otros conductores, independientes del primero, si bien cercanos, como sucede en la inducción. Parece más ajustado a la verdad, pensar que la electricidad se propaga por ondas y que estas ondas al encontrar un cuerpo mejor conductor que la atmósfera, donde se han producido toman el camino que les es más fácil, pero sin dejar de ser ondas, pero deformándose de la forma esférica y alargándose según la dirección del conductor porque es evidente que no concretan su viaje a la masa y a la superficie del conductor, sino que saliéndose de él, si así podemos expresar este concepto, producen acción en otros conductores que se hallan a distancia más o menos pequeña.

En los tubos portantes o telégrafos acústicos, las ondas sonoras que se forman delante la boca del que habla, se ven obligadas a perder su esfericidad y hacer viajes por el interior de un tubo de materia poco vibrante y naturalmente la esfera de ondas que alcanzaría un radio determinado, se ha convertido en un cilindro que para tener el mismo volumen, que hubiera tenido la esfera, precisa alcanzar una longitud mucho mayor que el radio de aquella esfera; así es que con el tubo portante se oye mucho mayor el sonido a distancia que si se oyera en él. En la transmisión de la energía eléctrica, pasa algo sino igual, parecido a lo que sucedería en nuestro ejemplo del tubo si sus paredes fuesen libres de vibrar desembarazadamente. La electricidad sigue el camino que le indica el hilo conductor, pero como viaja en forma de ondas no esféricas sino alargadas, producen efectos que se pierden o diluyen en la atmósfera, si no encuentran un circuito cerrado que les facilite el camino y haga que sus efectos sean aprovechables.

Hemos dicho anteriormente, que la electricidad de nuestras generatrices procedía de la electricidad atmosférica, retenida en los elementos más aptos para ello y precisa ahora demos algunas explicaciones sobre tal delicada cuestión.

Innegable es de todo punto la existencia de la electricidad, en la capa atmosférica que envuelve nuestro globo y cuya existencia se atribuye según teorías antiguas a la evaporación del vapor de agua y a los rozamientos mismos del aire y que también puede atribuirse, en gran parte o casi toda su totalidad, según teorías más modernas, a las grandes corrientes electro- magnéticas y a las cuantiosas emanaciones que del misterioso fluido lanza el gran astro sobre nuestro pequeño planeta, de las que una pequeñísima parte queda condensada o acumulada en nuestra envolvente magnética y el resto va a impregnar hasta el último átomo de nuestra masa terrestre.

Importantísimo factor es en este punto el Sol, del que nos ocuparemos aunque sucintamente, de manera particular.

Es el Sol el centro de nuestro sistema planetario y de él recibimos tan grandes beneficios como la luz y el calor, es por tanto el Sol un generador eléctrico de sin igual potencia, puesto que condensa en inmensa cantidad los referidos elementos de luz y calor, base productora de la energía eléctrica.

Todas las palpitaciones del astro que habitamos están bajo la influencia directa del Sol, a quien la tierra debe la luz, el movimiento y la vida en su superficie.

Sin pasar adelante, fijémonos en que todavía está para definir lo que es electricidad y en particular su especial manifestación el magnetismo terrestre.

La envolvente magnética de la Tierra, cuyos elementos de posición y energía comenzamos a conocer, constituye un gran enigma sospechado, al observar las perturbaciones que periódicamente experimentan nuestros aparatos electro-magnéticos y se ha atinado atribuir aquella sacudidas a cierto signo de energía solar.

Se ha dicho que la Tierra es un gigantesco imán cuyas manifestaciones externas, están representadas por la circulación de Este a Oeste, tomando por eje su correspondiente polo, que difiere sensiblemente del polo geográfico.

Si de la rotación de la Tierra sobre su eje, derívanse tantas consecuencias visibles ¿que ocurrirá con el sistema invisible magnético que también gira bajo sus leyes y al parecer con independencia de aquellas? El Sol y la Tierra, esto es, el inductor y el inducido y por último la interesante labor de los observatorios electro-magnéticos cuyos resultados obtenidos tienden a afirmar cada vez más, la acción preponderante de las radiaciones eléctricas sobre la masa terrestre, pero este arsenal de conocimientos que representan, ante la copiosa fuente de energías que se elaboran debajo de aquel basto Océano de fuego en continua ebullición?

Si aceptamos una relativa pero constante actividad en el seno de la Tierra, aun llegada cierta edad de reposo, ¿qué torbellinos inmensos de varia energía deben de elaborarse en aquel horno, cuya altísima temperatura es difícil de calcular, henchido de tan múltiples elementos a juzgar por los signos que hasta el presente nos ha revelado el espectro? ¿y de la comparación de volúmenes que deduciremos? siendo el Sol un millón trescientas diez mil sesenta y dos veces mayor que la Tierra, ¿que deduciremos?

La lógica pues, nos conduce a creer que las grandes palpitaciones del astro central, que rige todo el sistema planetario, deben repercutir forzosamente en la Tierra, sirviéndole tal vez como puente conductor nuestra envolvente magnética, penetrando los torrentes hasta conmover el ultimo átomo terrestre.

Pues además el Sol influye poderosamente sobre la Tierra por medio de sus electrones, que cuando chocan contra otros cuerpos desprenden de los últimos a otros electrones, pero cuando chocan contra substancias gaseosas las ionizan, es decir, las vuelven conductoras de electricidad. Así es que al llegar los electrones del Sol a las capas más altas y por ende más enrarecidas de nuestro planeta ionizan el aire, le hacen por lo tanto, conductor de la electricidad que llevan, y como las corrientes eléctricas dan origen a campos magnéticos, los electrones que circulan por los espacios interplanetarios crean, como dice Deslandres un campo magnético en cada punto del espacio. Y es lógico pensar que los demás astros pueden ejercer sobre la tierra un influjo análogo, aunque mucho menor, por ejemplo Júpiter, en el que no ha mucho se han descubierto unos aspectos parecidos a los del Sol.

Volviendo sobre lo dicho no es tan hipotético como parece, creer en la existencia de las tales fuerzas ignotas, Invoquemos la telegrafía sin hilos y en especial la transmisión de la energía eléctrica a distancia objeto hoy de justa admiración. Si el hombre consigue enviar fuerza electro-motriz sin valerse de conductor, que hará el Sol generador eléctrico, de sin igual potencia sobre este pequeño planeta?

El transporte de la energía eléctrica a distancia cuyos brillantes resultados aun en sus comienzos, celebra el mundo como la aurora de un transformador transcendental en su vida material, debe constituir una revelación sin duda aun más importante para la ciencia contribuyendo a ensanchar el campo de nuestros conocimientos de la física solar estrechamente relacionada con la física terrestre.

Veremos como el Sol lanza sobre la Tierra un caudal inmenso de potencial eléctrico que en su día la humanidad aprovechará para toda clase de fines y quien sabe si el fluido producido por nuestras combinaciones no es otro que el acumulado de origen solar, durante mucho tiempo, en los elementos más aptos para retenerlo.

## DESCRIPCION DE UNA MAQUINA MODELO CONSTRUIDA SEGUN EL NUEVO SISTEMA DE PRODUCCION DE ELECTRICIDAD "BUFORN"

Si nos proponemos desarrollar y aplicar alguno de los varios modelos de máquina que pueden aplicarse y construirse sobre nuestro descrito y demostrado sistema, no tendremos más que orear un campo magnético que puede estar formado por electroimanes con núcleos de hierro o acero y hacer experimentar a la corriente que atraviesa aquel campo una serie constante y ordenada de variaciones en su intensidad.

Nada más fácil de realizar por distintos procedimientos. Sea valiéndose de un campo magnético, compuesto de dos series de electroimanes N y S, de una resistencia y de una circunferencia de contactos aislados uno de otro en la que la mitad de los contactos están enlazados con la mitad de los extremos de las partes de la resistencia y los otros contactos están unidos directamente con los comunicados con la resistencia, añadiremos a esto una escobilla

giratoria siempre en comunicación con más de un contacto. Ahora bien, como quiera que uno de los extremos de la resistencia está unido con los electroimanes N, y el otro lo está con los S, resulta de lo expuesto que cuando la escobilla está comunicada con el primer contacto, la corriente va toda a los electroimanes N, al tiempo, que los S, están vacíos, puesto que la corriente que ir a ellos ha de vencer toda la resistencia, cuando la escobilla está comunicada con el contacto segundo, la corriente ya no va toda a los N, puesto que ha de pasar solamente por parte de la resistencia y a los S, va ya algo de corriente, puesto que ha de vencer menos resistencia que antes y así sucesivamente al irse cerrando el circuito en cada uno de los contactos.

Resulta pues que la corriente va aminorando o aumentando según atraviesa mayor o menor resistencia y por tanto variando constantemente y como esa función la hemos hecho continua y ordenada, he aquí que tendremos conseguido el fin propuesto.

Otro procedimiento que citaremos parecido al anterior y que seguiremos para el resto de la descripción del aparato, por ser más fácil y facilitar su mejor funcionamiento consiste: En hacer pasar la corriente por un eje en revolución en cuyo extremo va ajustada una escobilla, que en su giro está en contacto con las delgas de un cilindro de cobre aisladas unos de otras y en número determinado y según la resistencia, de modo tal, que la escobilla esté siempre en contacto con dos de las referidas delgas y de manera que, cuando la escobilla está en comunicación con la delga primera, la corriente va toda a los electros N, y nada a los S, cuando está en contacto con la delga segunda, la corriente ya no va toda a los N, pero en cambio a los S, va ya algo de corriente, y así sucesivamente al irse cerrando el circuito con cada una de las delgas hasta que terminadas las de la primera semicircunferencia empiezan a funcionar los de la otra que están directamente unidas a las primeras.

Hay que tener presente que únicamente están en comunicación las delgas de la semicircunferencia Norte con la mitad de los extremos de las partes de la resistencia y las de la semicircunferencia Sur no se comunican con la resistencia, sino respectivamente con las delgas de la semicircunferencia comunicadas con la mitad de los extremos de las espiras de la resistencia y además como quiera que la corriente pasa al campo magnético y vuelve del mismo por los dos extremos de entrada y salida de la resistencia y como este campo está constituido por dos series de electroimanes N y S, resulta que en virtud de lo expuesto y del funcionamiento del aparato, cuando los electroimanes N, están llenos de corriente, los S, están vacíos y como la corriente que los atraviesa va aminorando o aumentando en intensidad, según pase por más o menos espiras de la resistencia, y por tanto en variación continua y puesto que esa función hemos logrado hacerla continua y ordenada, en virtud del explicado procedimiento, habremos conseguido el cambio constante de la intensidad de la corriente que atraviesa el campo magnético formado por los electroimanes N, y S, y cuya corriente una vez cumplida su misión en los diferentes electroimanes vuelve al origen de donde se ha tomado.

Réstanos ahora observar, que la batería de inductores puede estar dispuesta de dos modos distintos: 1o. Estando formada por dos series de electroimanes N y S. 2o. Estando constituida por diversos grupos de electroimanes a los cuales llega la corriente por derivación y por separado a cada grupo, con igual intensidad y con el mismo cambio constante y ordenado de la misma y estando dispuestos los carretes dentro de cada grupo como en el caso anterior y primero.

Las ventajas de este segundo procedimiento son tan trascendentales como notorias, pues con una sola de las muchas derivaciones que se pueden tomar de una misma línea, podremos alimentar una batería igual a la del caso anterior y primero y se podrá aun tomar muchas más derivaciones para alimentar otras tantas baterías o grupos de inductores, y según la fuerza que se quiera desarrollar.

Claro está que si se aumentan las causas que producen unos efectos, éstos aumentarán indudablemente y en el caso presente tendremos por tanto aumentada la producción de la corriente, en la proporción correspondiente al número de derivaciones y al número de carretes de que conste cada grupo.

Hemos conseguido ya producir el cambio continuo y ordenado de la intensidad de la corriente que atraviesa un campo magnético. Pasemos ahora a los resultados y veamos la manera de aprovecharlos.

Sus resultados sabemos ya cuales son, o sea el nacimiento merced a la causa indicada de una gran energía eléctrica mucho mayor que la que la produce, puesto que aquí no tiene aplicación la ley de Lenz y no hay por tanto resistencia atractiva alguna que vencer.

Ahora bien, como la causante subsiste merced a nuestro sistema, mientras ésta subsista perdurarán sus resultados y por tanto la producción de una corriente eléctrica mucho mayor que la inductora.

El modo de recoger esta corriente es tan fácil que hasta parece excusado explicarlo; pues no tendremos más que intercalar entre cada par de los electroimanes N y S, que llamaremos inductores otro electroimán que denominaremos inducido, de tal modo debidamente colocado que, o bien los extremos de su núcleo entren en el seno de los correspondientes inductores y en contacto con sus respectivos núcleos o bien aproximados inducido e inductor y en contacto por los polos, pero sin que en ningún caso haya comunicación alguna entre el devanado inducido y el devanado inductor, y recogeremos en estos inducidos el resultado de los fenómenos experimentados que aquellos inductores.

Pudiéndose si aún se desea una mayor producción colocar los inductores e inducidos los once a continuación de otros como formando una sola serie y en la siguiente forma: Se coloca primero un electro-inductor N, por ejemplo, a continuación otro inductor de la otra serie S. y entre los polos de ambos y debidamente colocado se hallará el correspondiente inducido, con esto habremos formado un grupo de batería tal como hasta aquí se ha explicado, pero ahora (en lugar de ir formando tantos grupos iguales al primero como carretes conste cualquiera de las dos series), se podrá colocar siguiendo al electroimán S, otro inducido y a continuación de este último inducido un inductor N, siguiendo a éste otro inducido y luego un inductor S, y así sucesivamente hasta haber dado colocación a cada uno de los inductores de que conste cada una de las series de electroimanes N, y S.

Con esto habremos logrado aprovechar los dos polos de todos los inductores excepto el primero y el último de los que solo se aprovechará uno y tendremos por tanto, tantos inductores como inducidos menos uno, es decir, que si "m" es por ejemplo el número de inductores el de inducidos será "m − 1", lo cual determinará con el mismo gasto de fuerza un aumento considerable en la producción de la corriente inducida.

Además se puede aprovechar también el seno de los núcleos de los electroimanes inducidos en los que se puede colocar otro electro-inducido de reducidas dimensiones y con igual o mayor longitud que el núcleo del inducido grande. En estos segundos inducidos, se producirá corriente eléctrica e industrial al mismo tiempo que en los primeros; y la corriente así producida podrá ser suficiente para el gasto de excitación continua de la máquina, quedando completamente libre toda la otra corriente producida por los primeros inducidos para dedicarla a toda clase de fines que se desee.

Como lo mismo los inductores que los inducidos no hay necesidad de que giren no precisa por tanto hacerlos redondos sin que esto signifique que no puedan también ser así, lo mismo que si se pretende que estén en movimiento, las dos cosas pueden verificarse, aunque sin necesidad alguna de que así tengan lugar.

Como no hay en nuestra máquina resistencia atractiva alguna que vencer, no precisa la fuerza colosal, que necesita la dinamo, para vencer estar resistencias y la completa innecesidad de esta fuerza en nuestro aparato, explica muy claramente también y como una de sus más poderosas razones que la corriente producida por nuestra máquina sea con mucho mayor que la inductora. Dicho está que la corriente por ella producida será alterna pero un sencillo conmutador la hará continua si así se desea.

Sin pasar adelante, tenemos que hacer constar que para la rotación del eje, en que va incrustada la escobilla a que nos hemos referido anteriormente, precisa una fuerza infinitamente pequeña, puesto que el tal eje es de muy reducidas dimensiones, las más precisas para hacer girar una sencilla escobilla y sin que para su rotación, tenga que vencer resistencias atractivas de ninguna especie.

Hemos dejado sentado, que la corriente producida es con mucho superior a la inductora y dicho esto claro ésta, que es facilísimo separar de esa corriente que podremos llamar inducida, una parte alícuota para alimentar los electroimanes inductores, para que continúen ejerciendo su misión y otra pequeñísima parte para el funcionamiento del reducido eje en que va incrustada la escobilla y quedará todavía por tanto, un gran exceso de fuerza que podremos aplicar para toda clase de fines y la máquina seguirá su curso indefinidamente.

He aquí pues, que la máquina o aparato explicado, se ha convertido no tan solo en auto excitadora, sino también en una verdadera generatriz, sin gasto alguno y por tiempo ilimitado.

## VENTAJAS DEL INVENTO

Este invento motivo de la presente Memoria, viene a sacar a la industria de producción de grandes corrientes del estado de estancamiento en que se halla. Produciéndose la electricidad directamente sin motor, quedarán suprimidas las máquinas de vapor y las turbinas empleadas en la producción de fuerza; quedará suprimido el combustible en las máquinas de fuego y por lo tanto el precio de la producción de la corriente se abaratará enormemente.

Las centrales de tranvías desaparecerán también una vez convertidos los coches en verdaderos automóviles sobre raíles, porque cada carruaje llevará en si mismo la máquina encargada de producir la corriente que requiere la marcha del vehículo. Desaparecerán las centrales, los trolleys y esos conductores tan costosos por ser de cobre, que corren a lo largo de los trayectos de nuestros tranvías. Las ventajas de la supresión del carbón son de tal utilidad, que parece excusadas cuantas consideraciones se hagan acerca de la importancia de este invento en lo tocante a este punto. Y en cuanto a la industria en general las ventajas serán aun más patentes y de mayor importancia, y para pensarlo así, bastará fijarse tan solo en las que reportaría el radio ilimitado de acción de buques, locomotoras y automóviles.

Como nuestro invento es absolutamente nuevo atrevidísimo y de consecuencias industriales enormes, no se ha querido presentar esta patente sin tener construida y funcionando una máquina, fundada en los principios y teorías expuestos.

Como quiera que alguno de los principios de nuestra invención no es nuevo, no pretendemos privilegiarlos, pero lo que si queremos privilegiar es la aplicación y aprovechamiento de los referidos principios, de modo que toda máquina o aparato fundado, según cualquiera de los antedichos y explicados principios y teorías, que han servido de razón y fundamento a nuestra invención, y sea cual fuera la forma y manera de hacer su construcción y aplicación caerá de lleno dentro de nuestra patente.

## NOTA

La Patente que por veinte años, se solicita, ha de recaer sobre un nuevo SISTEMA DE PRODUCCION DE ELECTRICIDAD denominado BUFORN, de excitación variable, destinado a producir grandes corrientes eléctricas industriales, sin empleo de fuerza motriz, ni de reacciones químicas, ni de transformaciones de ninguna especie, y que está esencialmente caracterizado por:

"Hay producción de corriente eléctrica inducida en todo circuito cerrado siempre que se modifique de una manera cualquiera el flujo de fuerza que lo atraviesa" y "en un circuito cerrado que se desplaza en un campo magnético, el signo de la corriente inducida es tal, que su acción se opone al movimiento" y como el poder de producción de la dinamo está limitado no solo por la intensidad de su campo magnético, sino también por la extensión de su mismo campo; resultaría que si la dinamo no tuviera que vencer las resistencias atractivas que se oponen al giro del inducido, produciría una corriente mucho mayor que la inductora, de la cual sería posible tomar una parte alícuota para la excitación, constituyendo así la dinamo auto-excitadora; y como todos sabemos que los efectos que se producen cuando un circuito cerrado se aproxima o se aleja de un centro magnético, son los mismos que estando quieto e inmóvil el circuito, el campo magnético dentro del cual está colocado vaya variando en intensidad, y puesto que toda variación, cualquiera que sea la causa que la produzca, es motivo de producción de corriente eléctrica inducida, tendremos que existe otro medio industrial de producir la electricidad sin acudir al movimiento y que no tiene ninguno de los inconvenientes de la dinamo, puesto que aquí no hay que vencer las resistencias atractivas que se oponen al giro del inducido, puesto que el tal giro no existe en este caso y se producirá por tanto una corriente eléctrica mucho mayor que la inductora de la cual será posible tomar una parte alícuota, para la excitación continua de la máquina y aun quedará una gran cantidad de fuerza aplicable a toda clase de fines y la máquina continuará sin nuevo gasto de fuerza, ejerciendo su misión indefinidamente y constituyendo así la generatriz auto-excitadora.

Y la procedencia de cuya electricidad se explica por la persistencia de un movimiento particular y desconocido de las moléculas de su masa. y esa vibración particular es producida por el campo magnético, en el que se produce unas ondas que actúan sobre las espiras del inducido, las dirigen y las hacen actas para producir los efectos de corriente. Ondas que al encontrar un cuerpo mejor conductor que la atmósfera donde se han producido, toman el camino que les es más fácil, pero sin dejar de ser ondas, pero deformándose de la forma esférica y alargándose según la dirección del conductor, pero sin que concreten su viaje a la masa y a la superficie del conductor propuesto, sino que saliendo de él producen también acción en otros conductores que se hallan a distancias más o menos pequeñas, acciones que se pierden o diluyen en la atmósfera si no encuentran un circuito cerrado que la retenga dentro de él y haga que sus efectos sean aprovechables.

Y por último por la existencia de la electricidad en la capa atmosférica que envuelve nuestro globo y las grandes corrientes electro-magnéticas y las cuantiosas emanaciones que del misterioso fluido lanza, ya por medio de sus electrones ya en otra forma, el gran astro sobre nuestro reducido planeta; electrones que al chocar con las capas más altas de nuestro planeta las ionizan, es decir, las vuelven conductoras de la electricidad que llevan haciéndolas servir como de puente conductor a las grandes corrientes electromagnéticas que del Sol recibimos y de las que una pequeña parte queda condensada o acumulada en nuestra envolvente magnética y el resto va a impregnar hasta el último átomo de nuestra masa terrestre.

Y queda así explicado y demostrado el nuevo SISTEMA DE PRODUCCION DE ELECTRICIDAD denominado BUFORN.

Ahora precisa hagamos constar, que lo que queremos privilegiar no es ninguna máquina o aparato determinado sino, todo el nuevo SISTEMA DE PRODUCCION DE ELECTRICIDAD denominado BUFORN, y de tal modo que toda máquina o aparato que se construya o aplique, según el antedicho y explicado sistema y sea cual fuera la forma, modo, manera o material de hacer su construcción y aplicación caerán de lleno dentro de nuestra patente.

A título de ejemplo y como una de las varias máquinas o aparatos que pueden aplicarse y construirse sobre nuestro SISTEMA DE PRODUCCION DE ELECTRICIDAD BUFORN y en que éste puede traducirse, citaremos la siguiente, que esencialmente consiste: En un cilindro de delgas de cobre aisladas unos de otras cuyas delgas estás en contacto continuo con una escobilla giratoria siempre en comunicación con dos de las referidas delgas y cuya escobilla va incrustada al extremo de un eje y por la que llega la corriente a las delgas del cilindro, delgas que a su vez están conectadas con las espiras de una resistencia que hace el oficio de distribuidor de corriente; estando los extremos de esta resistencia enlazados respectivamente con los extremos de un campo magnético constituido por dos series de electroimanes N y S, y de tal modo que cuando la escobilla está en contacto con la delga primera la corriente va toda a los electro N, y nada a los S; cuando está en comunicación con la delga segunda la corriente ya no va toda a los N, pero en cambio va ya algo a los S, porque tiene que vencer menos resistencia que en el caso anterior y así sucesivamente al irse cerrando el circuito con cada una de las delgas hasta que terminadas las de la semicircunferencia primera, empiezan a funcionar las de la otra semicircunferencia que están directamente unidas a las primeras respectivamente.

Como se ha dicho los extremos de la resistencia están en comunicación respectiva con los extremos de un campo magnético, formado por electroimanes, construidos en forma conveniente y dispuestos ya en dos series de estos N y S, ya en diversos grupos a los cuales llega la corriente en derivación y por separado a cada grupo, con toda su intensidad y con el mismo cambio constante y ordenado de la misma, y como pueden tomarse varias derivaciones se aumentará la producción de la corriente en la proporción correspondiente al número de derivaciones y según el número de carretes de que conste cada grupo. Entre los polos de cada dos electroimanes N y S, se hallará debidamente colocado el correspondiente carrete inducido, pudiendo estar los extremos de su núcleo ya en el seno de los correspondientes inductores y en contacto los núcleos de ambos, ya aproximados y en contacto por los polos, pero sin que en ningún caso haya comunicación alguna entre el devanado inducido y el devanado inductor. Pudiéndose si aun se desea mayor producción colocar primero un electro inductor N a continuación otro inductor S, y entre los polos de ambos y debidamente colocados se hallará el correspondiente inducido, pero ahora, en lugar de ir formando grupos iguales el primero, tal como hasta aquí! se ha explicado, se colocará otro inducido siguiendo al último inductor o sea al S, y a continuación de este último inducido otro inductor N, y luego otro inducido y así sucesivamente hasta haber dado colocación a cada uno de los electroimanes inductores de que conste cada una de las series N y S, He aquí que habremos aprovechado los dos polos de todos los inductores, excepto los del primero y el último de los que solo se aprovechará uno y tendremos tantos inducidos como inductores menos uno, lo cual determinará con el mismo gasto de fuerza un aumento muy considerable en la producción de la corriente.

Además se puede aprovechar también si así se desea el seno de los núcleos de los electro inducidos en los que se puede colocar otro inducido de reducidas dimensiones y de igual o mayor longitud que el núcleo del inducido grande y en esos segundos inducidos se producirá corriente eléctrica e industrial al mismo tiempo que en los primeros y que podrá ser suficiente para el gasto de excitación continua de la máquina.

Ahora bien, como la corriente que atraviesa el campo magnético va aumentando o disminuyendo en intensidad o sea en variación continua de la misma, en virtud del funcionamiento de nuestro aparato y según pase la corriente por menos o más espiras de la resistencia y como quiera, que como se ha dicho antes, uno de los extremos de la resistencia está enlazado con los electroimanes N, y el otro extremo está también unido a los electroimanes S, y además como únicamente se comunican en las espiras de la resistencia, la mitad de las delgas del cilindro y la otra mitad están directamente unidas a las primeras, resulta de todo esto, que cuando los electroimanes de una de las series, están llenos de corriente, están vacíos los segundos; de modo que a medida que los primeros aumentan en intensidad, van disminuyendo los segundos y viceversa, y así tendremos conseguido el cambio constante, continuo y ordenado de la intensidad de la corriente que atraviesa el campo magnético producido por los electroimanes, cuya corriente una vez cumplida su misión en los diferentes inductores, vuelve al origen de donde se ha tomado.

Ahora bien, estas variaciones en la intensidad de la corriente que atraviesa un campo magnético, originan la producción de corriente eléctrica inducida que podremos utilizar para toda clase de fines, y cuya corriente así producida, será alterna, pero un sencillo conmutador la hará continua, si así se desea y de cuya corriente solo restaremos una pequeñísima parte para el funcionamiento de un pequeño motor que hace accionar la escobilla y otra pequeña parte para la excitación continua del campo magnético, con lo que la máquina se habrá convertido en auto-excitatriz, pudiéndose retirar entonces la corriente de origen exterior que sirvió el principio para la excitación y continuará la máquina sin nuevo gasto de fuerza ejerciendo su misión indefinidamente.

Todo de conformidad con lo explicado y detallado en la presente Memoria y según se representa en los dibujos que la acompaña.

Barcelona, 13 de abril de 1914.<br>
Constantino Buforn (firma).

Gráfico de la patente 47706.

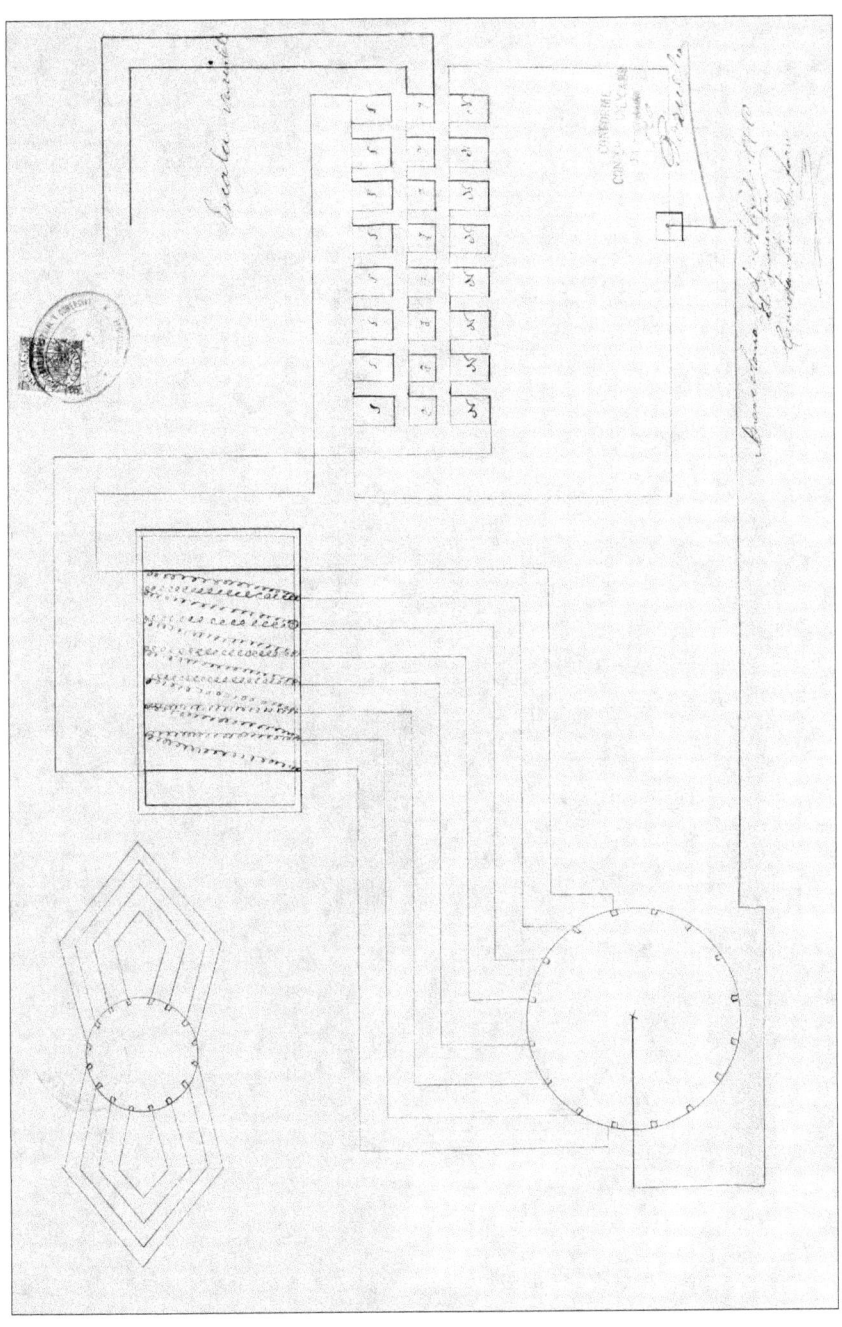

Gráfico de la patente 50216.

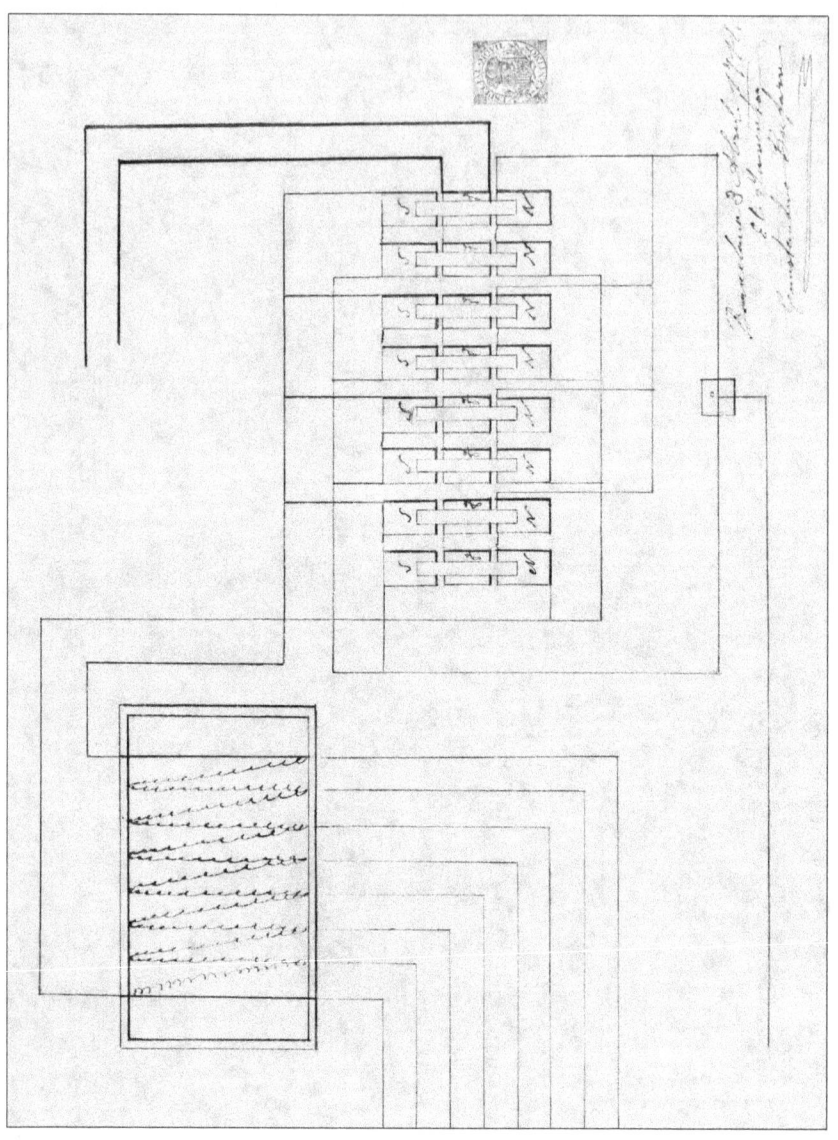

Gráfico de la patente 50216.

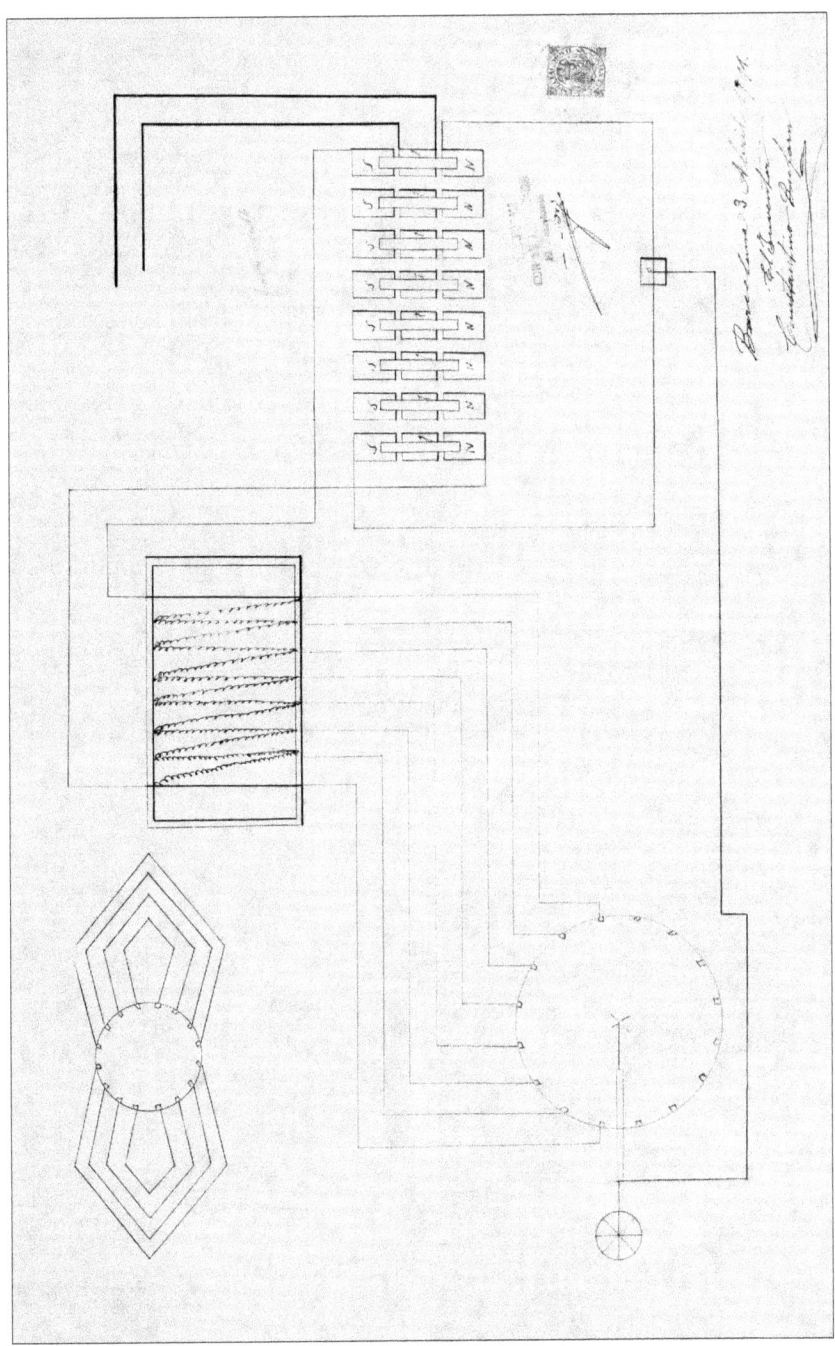

Gráfico de la patente 52968.

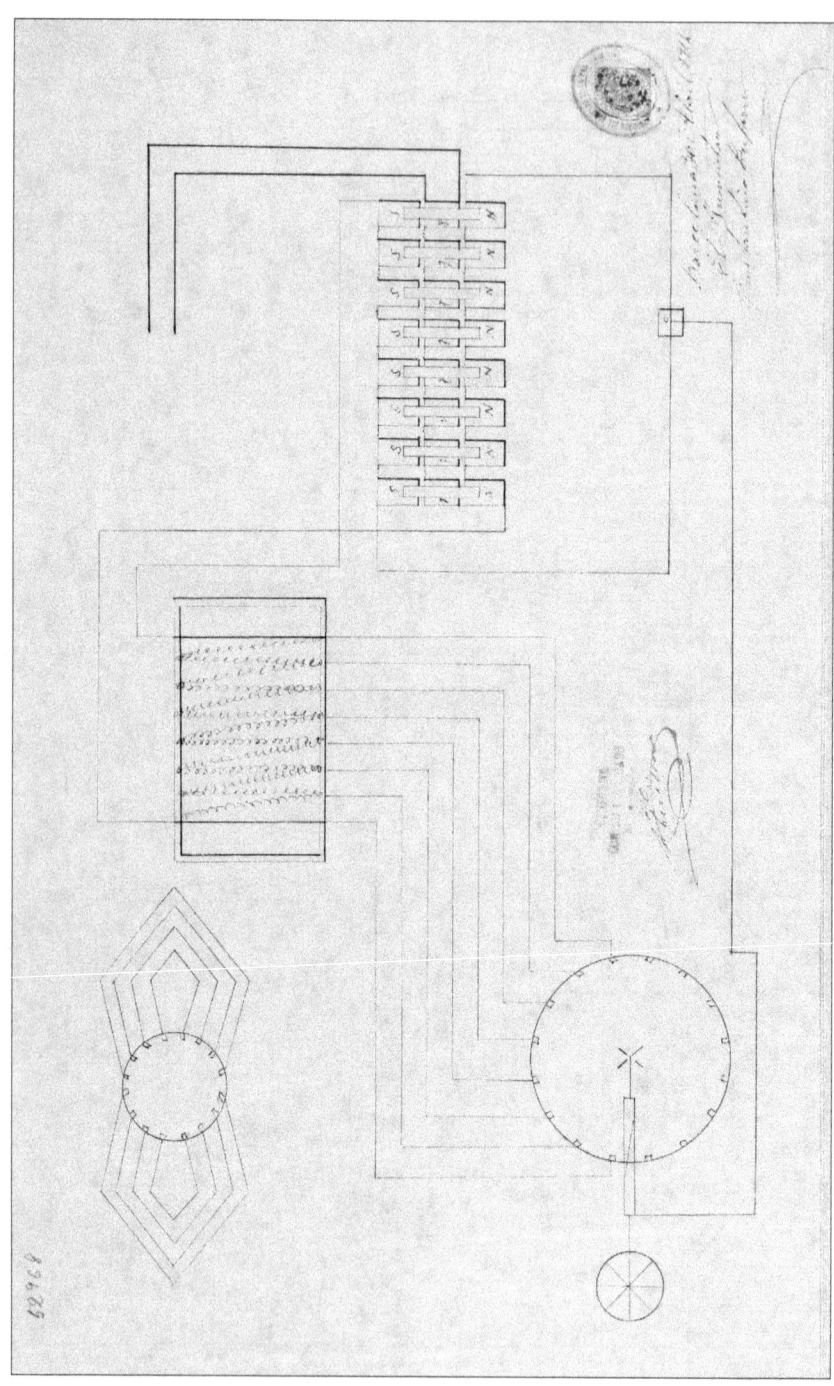

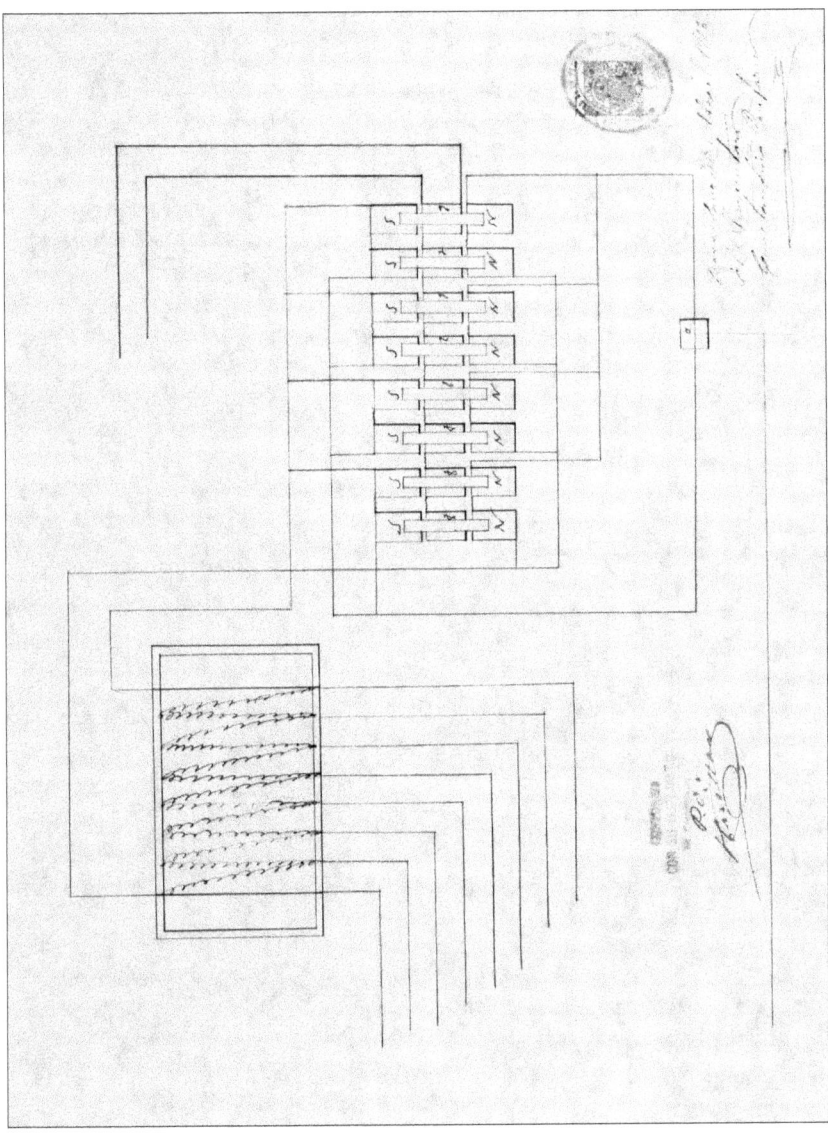

Gráfico de la patente 52968.

Gráfico de la patente 55411.

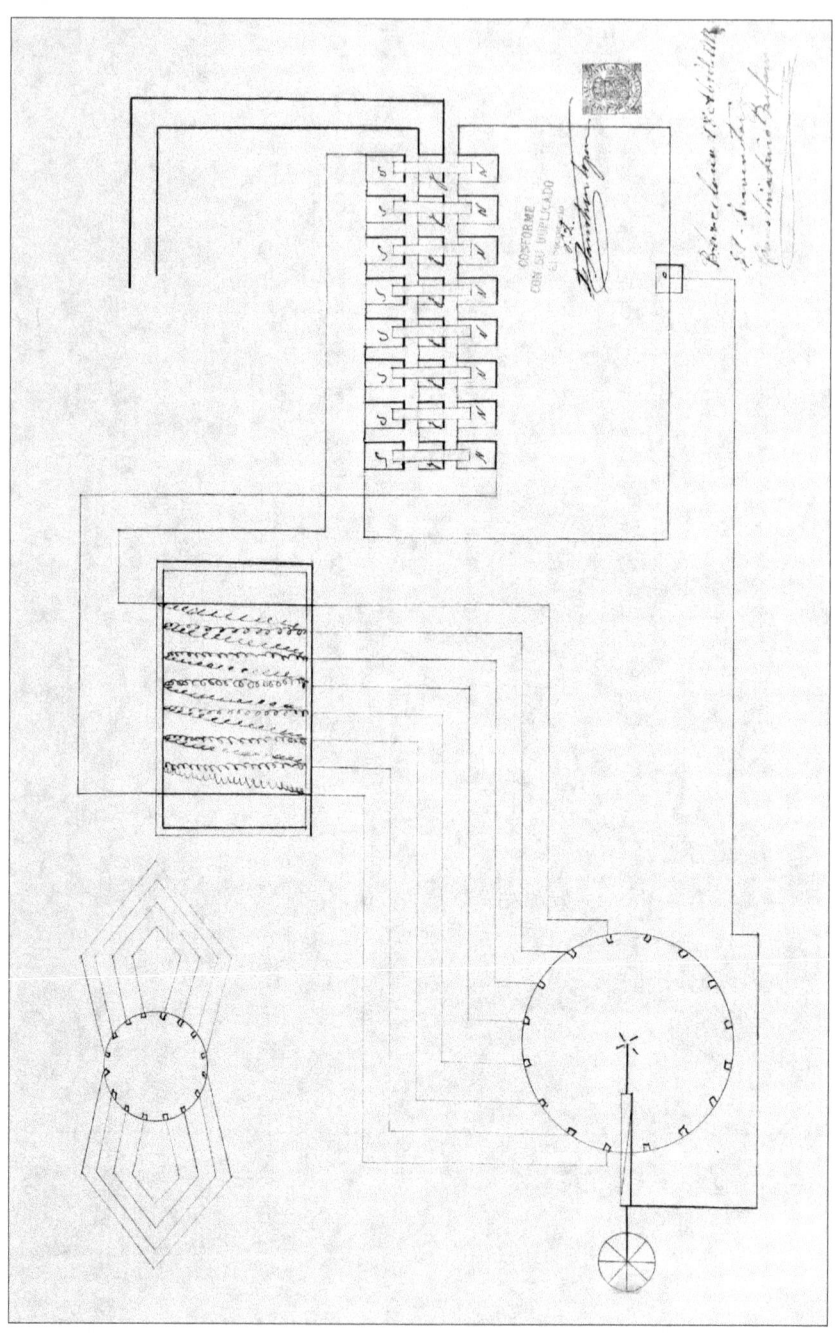

Gráfico de la patente 55411.

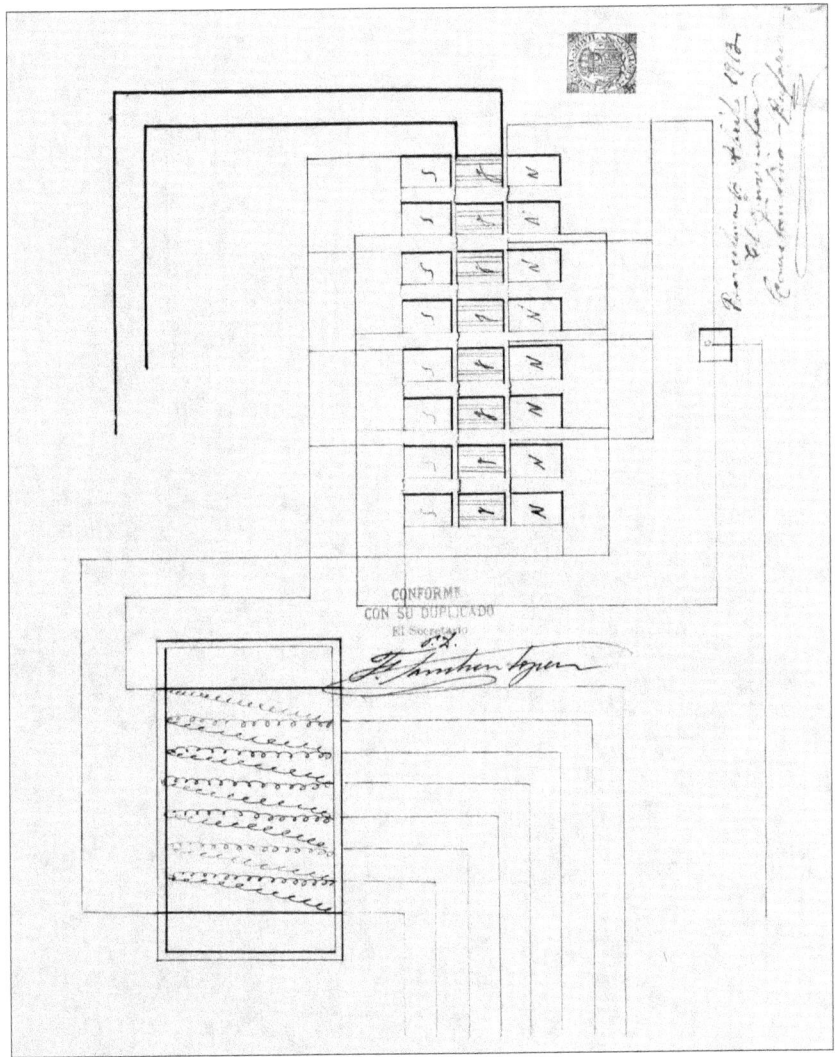

Gráfico de la patente 57955.

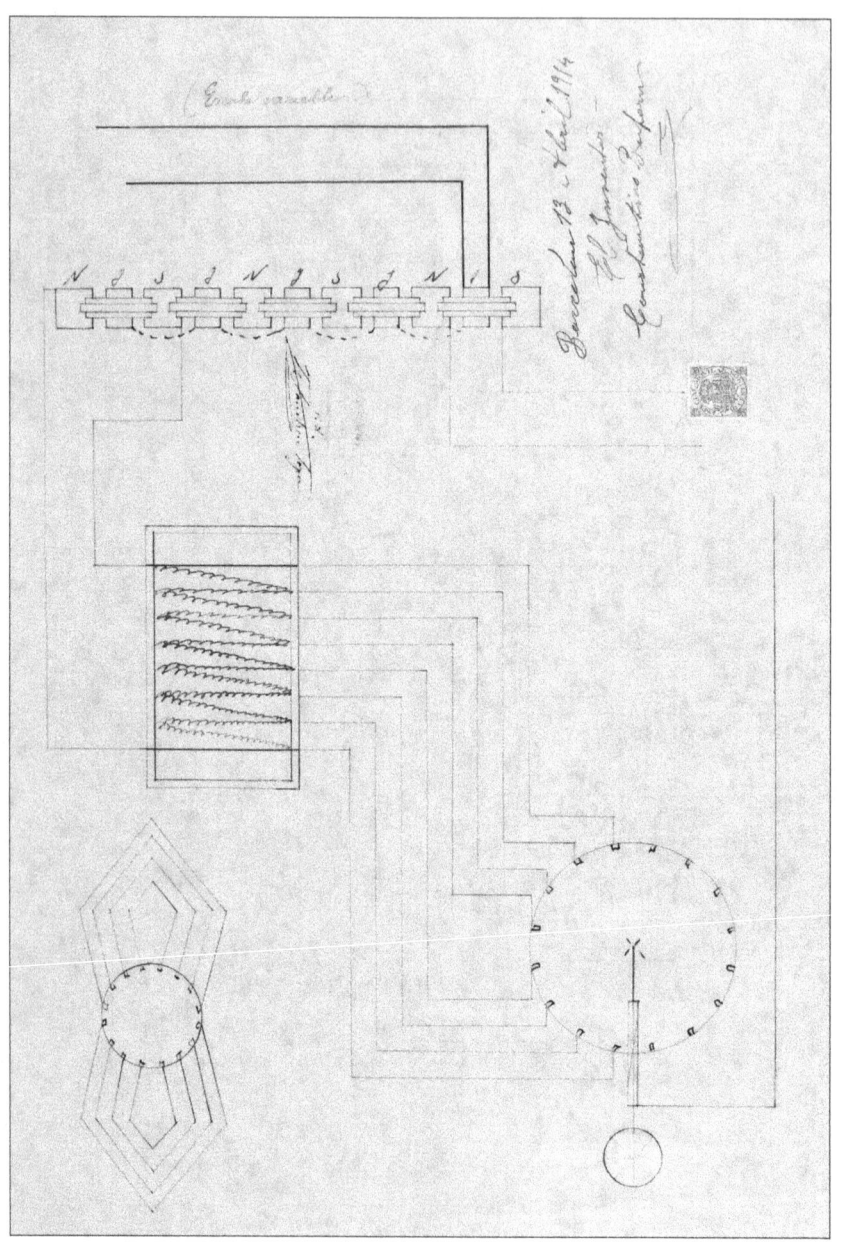

Gráfico de la patente 57955.

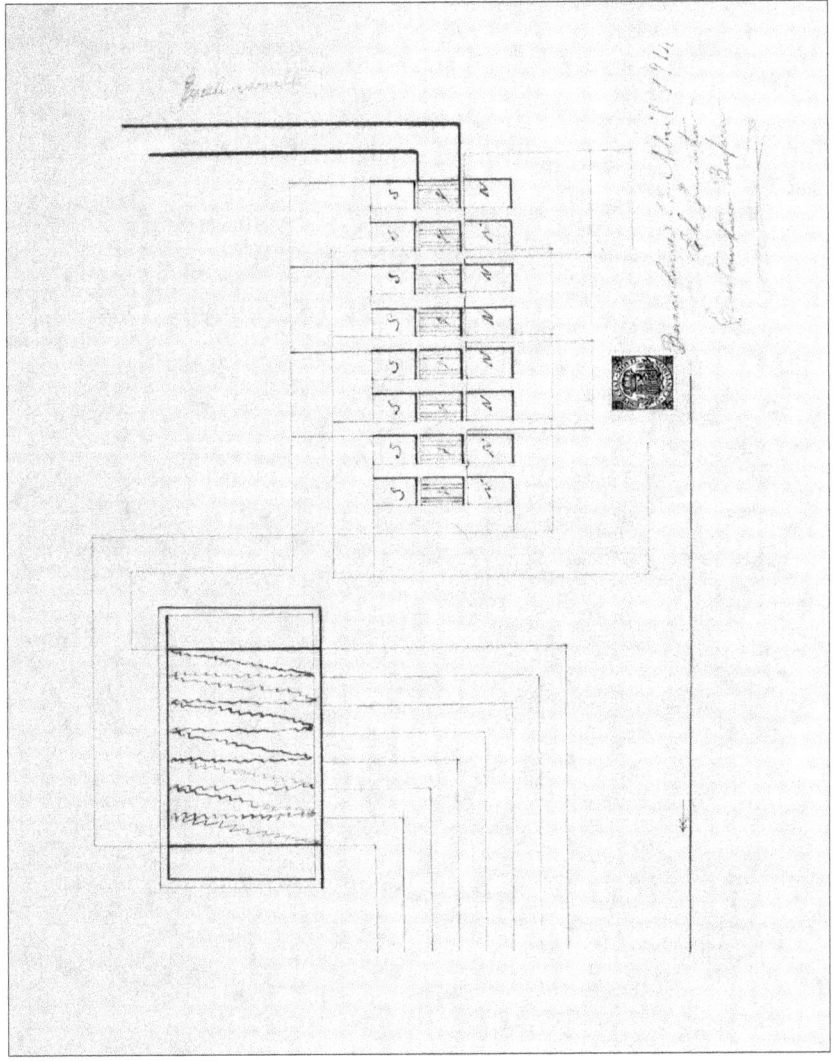

# TRANSCRIPCIÓN DEL INFORME DE PUESTA EN PRÁCTICA DE LA PATENTE 47706 DE 1910.

*GERONIMO BOLIBAR*
*Ingeniero-Agente de la Propiedad Industrial Barcelona*

*Excelentísimo Sr.*
*En cumplimiento de lo dispuesto en el artículo 100 de la ley de Propiedad de 16 de Mayo de 1902 tengo el honor de remitir a usted un certificado suscrito por el ingeniero D. Jose Ma. Bolibar y Pinós acreditando haber llevado a cabo las diligencias de puesta en práctica de la patente No 47706 expedido en 6 de junio de 1910 a favor de Constantino Buforn por Un generador de electricidad "Universal". Dios guarde a usted muchos años.*

*Barcelona 5 de junio de 1913. Firmado: Gerónimo Bolibar Para: Ilustrísimo Señor Jefe del Registro de la Propiedad Industrial*

*D. Jose Ma. Bolibar y Pinós, Ingeniero Industrial, a instancia de D. Constantino Buforn, concesionario de la patente de invención No. 47706.*

*Certifico: Que he examinado la documentación constituida por la memoria original y plano correspondientes a la referida patente de invención, expedida en 6 de junio de 1910, por "UN GENERADOR DE ELECTRICIDAD "UNIVERSAL" el cual consiste en esencia en una serie de electroimanes inductores combinados con una serie de electroimanes o bobinas inducidas y con un conmutador constituido por una escobilla o contacto giratorio, que recorre sucesivamente la serie de contactos fijos y hace variar continuamente la corriente que circula por las bobinas de los electroimanes inductores, desarrollándose así corriente eléctrica en las bobinas inducidas.*

*Certifico además, que habiéndome proporcionado los informes necesarios para venir en conocimiento de las condiciones en que se lleva a cabo la explotación de esta patente, resulta de los mismos, que D. Constantino Buforn lleva a cabo la explotación de esta patente en la calle de la Universidad No. 110 bajos, de esta ciudad, disponiendo al efecto de todos los elementos necesarios para la construcción, en la proporción racional de su empleo, de los generadores de electricidad que se describen y caracterizan en la memoria de la referida patente de invención.*

*Por todo lo cual, considero la antedicha patente puesta en práctica con arreglo a lo dispuesta en el artículo 98 de la vigente Ley de Propiedad Industrial.*

*Y para que conste expido el presente en la ciudad de Barcelona a cinco de junio de 1913.*

*Firmado: J.M. Bolibar*

*En 6 de junio de 1913 Don G. Bolibar presentado certificación fechada en 5 de junio de 1913 y firmada por Don J.M. Bolibar Ingeniero Industrial para justificar la puesta en práctica de la patente de invención numero 47406*

*NOTA*
*En vista de lo consignado en la certificación a que se refiere el anterior extracto, presentada a los efectos del artículo 100 de la Ley; y resultando que la presentación se hizo dentro del plazo marcado por el 99 de la misma, el que suscribe opina procede declarar puesto en práctica el objeto de la referida patente, según determina el artículo 34 del Reglamento.*

*V.S. resolverá.*
*Madrid, 9 de julio de 1913.*
*Puesto en práctica Numero 47706.*
*9 de julio de 1913.*

# PARTE III
# PRENSA

A continuación se ofrece una selección de recortes de prensa en los que aparece mencionado Clemente Figuera y su invención. La mayoría proceden de 1902, en el tiempo en que el ingeniero encontró gran eco en la prensa de todo el mundo. La colección de recortes, una selección de los recopilados hasta ahora, se ha dividido en dos grupos. Por una parte los de procedencia de la prensa española y, por otra, los publicados en el resto del mundo.

# PRENSA ESPAÑOLA

## Honor al genio

El nombre de Figuera hasta hace poco obscuro, se ha iluminado de repente y empieza á despedir vivos destellos. El ingeniero D. Clemente Figuera, cuyo retrato honra estas páginas, y cuya fama de concienzudo investigador científico no había logrado pasar los mares y desde Canarias difundirse á España y Europa, pronto será conocido del mundo entero.

*Don Clemente Figueras*

fuerza motriz. El fluido eléctrico descenderá á sus manos, lo almacenará, podrá utilizarlo en infinitas aplicaciones. ¿Quién calcula las consecuencias de semejante adquisición? Ábrense á nuestros ojos perspectivas infinitas... Vemos la vida grandemente simplificada. Presentimos una inmensa revolución económico industrial. Los más difíciles problemas se nos muestran á punto de resolverse.

Lo que el Sr. Figuera no nos quiere aun decir, es el principio, la forma, la clave de su descubrimiento. Se limita á afirmar que no hay en ello nada incomprensible ni extraordinario. Nos habla del huevo de Colón, para recordarnos como las mayores conquistas científicas son en su esencia verdades sencillas que no se comprende porque han tardado tanto tiempo en ser percibidas. Esas verdades se eslabonan y parecen engendrarse unas á otras en la lenta é infatigable indagación de los sabios.

\*
\* \*

Los antecedentes del inventor constituyen buena garantía de la seriedad de sus promesas. También infunden confianza en el éxito final los ofrecimientos que empresas importantes de distintos países le han hecho, para explotar el nuevo sistema.

El Sr. Figuera, es como queda dicho, todo un hombre de ciencia y de estudio. Lleva más de veinte años practicando ensayos de laboratorio que le han conducido á este resultado magnífico. Sus talentos son múltiples y admirables. Los que les conocemos bien esperamos oirle al cabo gritar ¡eureka!

Los héroes de la ciencia suelen conquistar, así, de golpe, en un día, la celebridad y la fortuna. Son obreros silenciosos que guardan hasta el último momento el secreto de sus labores trascendentales. Saben que una revelación prematura, no solo esterilizará su esfuerzo, sino que destruirá su prestigio. Y callan. Por eso el Sr. Figuera calla todavía.

Algo nos ha dicho de su invento portentoso. Con él se propone aprovechar y aplicar la electricidad atmosférica, sin

Ha inventado un generador que llevará su nombre. Y la gloria que quiera la compartirá con un colaborador, con un asociado.

Durante muchos años, fué profesor de Física y Química en el Colegio de San Agustín de Las Palmas. Los que en aquellas aulas recibimos sus lecciones, le hemos conservado un culto inalterable de admiración y de respeto.

Diario de Las Palmas, 12 de mayo de 1902.

UN DESCUBRIMIENTO ESPAÑOL. — UTILIZACIÓN DE LA ELECTRICIDAD ATMOSFÉRICA.
En los periódicos ingleses se hacen extensas referencias á un descubrimiento importantísimo llevado á cabo por D. Clemente Figueras, ingeniero de montes de las islas Canarias y profesor de Física en el Colegio de San Agustín de las Palmas. El señor Figueras ha estado por muchos años trabajando á la callada con objeto de encontrar un procedimiento para utilizar directamente, es decir, sin dinamos y sin agentes químicos, las enormes cantidades de electricidad que existen en la atmósfera y que se renuevan sin cesar, constituyendo un depósito inagotable de esta forma de energía.

Nuestro compatriota, según lo que desde las Palmas telegrafían á la prensa inglesa, ha logrado sus propósitos, habiendo conseguido inventar un generador con el cual puede recoger y almacenar el fluido eléctrico atmosférico en disposición de poderlo emplear después para la tracción de tranvías, trenes, etc., ó para poner en función maquinarias en las fábricas ó alumbrar las casas y las calles.

Aun cuando no se conocen los detalles del procedimiento, que el Sr. Figueras se reserva hasta tenerlo completamente perfeccionado, se asegura que su invento producirá una tremenda revolución económica é industrial.

El aparato ideado por el Sr. Figueras ha sido construido por piezas separadas, y con arreglo á los dibujos por él hechos, en diferentes casas de París, Berlín y Las Palmas. Recibidas todas estas piezas, el ingeniero las ha montado y articulado en su gabinete. La casa de Berlín que construyó algunas de las piezas, de tal manera entró en curiosidad de saber para qué se utilizarían, que juntamente con ellas envió un ingeniero á las islas Canarias, con el pretexto de ayudar á su montaje y con el propósito real de conocer y dibujar el aparato entero. Pero no ha logrado su objeto.

Según parece, el aparato del Sr. Figueras consta esencialmente de tres partes: un colector, un transformador y un acumulador; de suerte que, en resumen, lo que hace es recoger la electricidad atmosférica, transformarla de estática en dinámica, y almacenar ésta en una batería secundaria para utilizarla después en la forma y cantidad que convenga.

Tenemos entendido que el inventor vendrá pronto á Madrid, y marchará luego á Berlín y á Londres, y entonces se podrá conocer el procedimiento en todos sus detalles.

La Lectura, revista de ciencias y artes. Mayo de 1902.

# UTILIZACION DE LA ELECTRICIDAD ATMOSFÉRICA

Han producido verdadera sensación y asombro en el mundo científico las noticias que de Las Palmas publica el periódico londonense *Daily Mail*, refiriéndose á un método descubierto para utilizar la electricidad del aire y aplicarla directamente, sin agente motriz ni empleo de productos químicos ni dinamos.

Don Clemente Figueras, antiguo profesor de Física en el Colegio de San Agustín, de Las Palmas, hoy ingeniero de montes de las Islas Canarias, es el inventor de tan maravilloso secreto para utilizar la electricidad atmosférica. Dícese que ha inventado un generador que recoje el fluído eléctrico del aire y lo aplica como energía motriz á buques, ferrocarriles, fábricas y á toda clase de maquinaria.

Hace ya años que el señor Figueras trabaja en su invento, aunque ha guardado el secreto hasta ahora que se ha decidido á publicarlo, para evitar la pérdida de todos sus afanes. El inventor declara que su generador llevará á cabo una revolución en el mundo industrial.

Una casa de Berlín, de la que el señor Figueras obtuvo algunas de las partes de su aparato, se ha interesado hasta tal punto en el conocimiento del descubrimiento que ha mandado á Las Palmas un representante para estudiar el invento, sin que tal representante haya logrado saber nada. Una compañía eléctrica alemana y otra de Barcelona han ofrecido, según dice, grandes cantidades al inventor; pero todo ofrecimiento ha sido rechazado. El aparato se construyó por piezas separadas en Berlín, París y Las Palmas. El conocido escritor científico Mr. Garret P. Servis expone lo siguiente, acerca de este interesante invento

del movimiento de la Tierra á través del éter. Además, puesto que una carga eléctrica movible es equivalente á una corriente, el movimiento de la Tierra deberá generar un campo magnético entre las placas. Experimentos basados en esta indicación de Fitzgerald se han verificado; y aunque los resultados fueron negativos, se cree que el fracaso ha sido debido á algún fenómeno opuesto aún no bien comprendido y que nos oculta el deseado efecto.

»Una vez demostrado el principio en que este experimento se basa, está abierto el camino por el que hemos de obtener energía eléctrica del depósito común, energía que nos ha de proporcionar el veloz movimiento de la Tierra.

»Es posible que el anunciado movimiento de Figueras tenga por base lo anterior, ó que haya descubierto algún otro medio de obtener energía del gran tesoro de la Naturaleza. Cuando supimos que había construído un motor de veinte caballos de fuerza, obteniendo su energía de la electricidad acumulada sin auxilio de dinamos, recordamos sin querer á Nikola Tesla que hace diez años predijo que «la maquinaria de nuestras industrias sería impulsada por una energía obtenida de cualquier punto del universo», y que era todo

«Aunque es imposible sólo por las noticias del telégrafo enterarse bien del invento del señor Figueras, existe, sin embargo, la probabilidad de que haya obtenido un importantísimo descubrimiento, pues parece que hace tiempo trabaja en un sentido que puede llevar al conocimiento de grandes cosas hasta ahora ignoradas. Durante mucho tiempo he creído que llegará el día en que el hombre ha de encontrar un orígen de inagotable energía mecánica; y que tal descubrimiento estaría basado en alguna forma de energía eléctrica que habrá existido siempre, aunque hasta entónces haya sido inútil por desconocida.

»Ha habido muchos anuncios sobre próximos inventos de esta clase. Hace años el difunto profesor Fitzgerald, de Dublin, hizo una indicación acerca de un invento posible, por el cual podríamos retener el almacenaje de la energía contenida en la Tierra que, como se sabe, marcha á través del éter del espacio con velocidad casi inconcebible, cuarenta ó cincuenta veces tan de prisa como el más veloz de los modernos proyectiles. Siendo el éter de naturaleza tal que no ofrece resistencia perceptible á un cuerpo en movimiento, no es posible transformar directamente el movimiento de la Tierra en energía mecánica; pero la electricidad puede proporcionarnos el medio de obtener esta energía de movimiento, porque la Tierra, al moverse, es capaz de generar un campo magnético con el auxilio del cual nos apoderaríamos de una fuerza que de otro modo escapa á nuestro dominio.

»La indicación del profesor Fitzgerald fué que las placas de un condensador eléctrico cargado deberían colocarse de manera que ........ de la.... ....specto á la dirección ello «simple cuestión de tiempo, pues que los hombres llegarían á conexionar sus máquinas con la propia máquina de la Naturaleza.»

»El gran físico no era el único en predecir algo parecido al descubrimiento de Figueras, que si llega á ser un hecho parecerá la realización maravillosa de una profecía que muchos calificaban de locura.

»Pero aunque Figueras no haya descubierto el gran secreto, es indudable que alguien lo descubrirá. Estamos rodeados de energías; la Tierra es un imán gigantesco que recorre el espacio, influido por el sol é influyendo á su vez en él; la luna y los planetas abundan en extraordinaria energía.

»Si la fuerza unida de todos los campos carboníferos que hoy existen ardiera á la vez en todos los hornos del mundo, no sería más que una gota de agua en el Océano comparada con la fuerza que yace en el planeta giratorio que ocupamos.

»Por ello, en vez de considerar el anuncio de tales descubrimientos como increíble, debemos tenerlo como muy posible. Por mi parte—termina su artículo el profesor Garret—constantemente lo estoy esperando, y confío en la veracidad del descubrimiento del sábio español.»

Por esos mundos, agosto de 1902.

D. Clemente Figueras, trabajaba desde hace varios años en ese invento, obteniendo al fin resultados brillantes. Los aparatos que últimamente mandó construír llamaron la atención de los ingenieros electricistas alemanes que se hallaban al frente de la compañía, y uno de ellos se trasladó a Santa Cruz, conferenciando con el Sr. Figueras. De regreso á Alemania, la Compañía, convencida y admirada del maravilloso invento, acordó poner á disposición del Sr. Figueras á uno de sus directores, ofreciéndose también á gestionar las patentes de invento en varias naciones que han costado muchos miles de francos. No hay duda, pues, de que el descubrimiento es un hecho real llamado a tener muy pronto resonancia inmensa en todo el mundo.

Saludemos al modesto inventor que con su laboriosidad y talento acaba de conquistar un nombre glorioso entre los grandes bienhechores de la humanidad, entre los mas grandes é ilustres sabios de nuestro siglo.»

El Heraldo de Madrid, 17 de abril de 1902.

## DE CANARIAS

POR EL CABLE
DE NUESTRO CORRESPONSAL
**El invento de un ingeniero español.**
Las Palmas 16 (7,20 t.)

Las últimas manifestaciones hechas por el ingeniero español D. Clemente Figueras confirman haber realizado el invento que he telegrafiado al HERALDO hace pocos días.

Dicho invento está basado en una vibración de éter, colocada en un aparato montado dentro de una habitación de la casa del Sr. Figueras, denominado generador Figueras, que pone en marcha el motor inventado del mismo, que desarrolla una fuerza de 20 caballos de energía, la cual puede aplicarse á todas las industrias, especialmente á la navegación.

La energía carece de valor sin el generador Figueras.

Este ha conseguido producir la luz; pero con intermitencias.

Al objeto de fijarla, está construyendo un regulador.

El inventor niega que haya pedido auxilio á ninguna Empresa extranjera, y dice que todas las piezas de su aparato se han fabricado separadamente en diferentes talleres nacionales.

Cuando termine la construcción del motor, que será antes de dos meses, marchará á París con objeto de constituir un Sindicato para la explotación de su invento, cuyo secreto se propone hacer público después de pedir y de que haya obtenido la patente de invención.

El inventor afirma que con su generador se puede alcanzar todo voltaje y amperaje que se quiera en toda clase de corrientes.

Sostiene también que su invento resuelve el problema para la marcha de automóviles y la de la navegación, porque en pequeño espacio pueden encerrarse enormes fuerzas motrices.—*Sandoval.*

## Invento de un amigo

Lo telegrafían de Tenerife á la prensa de Madrid, y un periódico de Gran Canaria lo da por seguro.

Aunque parece que sobre el invento se guarda gran reserva, se ha podido traslucir que se trata de acumuladores que recogen la energía eléctrica atmosférica, sin gasto químico.

Dentro de pocos días se verificarán pruebas concluyentes, antes de las cuales, una casa alemana, adelantándose al éxito, y como dándolo por seguro, ha puesto á su director á disposición del inventor, gestionando patente.

Aquí terminaríamos nosotros esta noticia, si el autor nos fuera desconocido; pero es el caso que no lo es, que es amigo nuestro, como será amigo de otras muchas personas de nuestra población y conocido de la generalidad, y esto nos obliga á extendernos un poco.

El autor de ese invento que de realizarse sería verdaderamente prodigioso, lo es D. Clemente Figueras, ingeniero jefe de Montes que fué de esta provincia hasta hace cuatro ó cinco años, y que hoy desempeña el cargo de inspector de ese mismo cuerpo en las islas Canarias.

El Sr. Figueras, en quien todos reconocimos á un hombre culto é ilustrado, se dió á conocer en esta capital, más por sus aficiones al arte culinario que por sus estudios sobre electricidad.

Sin duda, á su traslado á otra tierra, cambió las cartas de Angel Muro, los tratados de cocina que suscribieron Brecarelli, Brillan, Savarin y tantos otros preceptores é higienistas de la alimentación por los que sirvieron á Franklin, Morse y Edissón, para sus prodigiosas obras, y de sus elucubraciones científicas, y, de sus estudios profundos, de sus ingeniosas y sabias experiencias, obtuvo el fruto que se propusiera y que dan por seguro los que sin duda ya conocen el invento, el recogido y la aplicación de la energía eléctrica atmosférica.

Por lo pronto, y sea ó no satisfactorio en absoluto el éxito de las pruebas que se van á celebrar, LA COALICIÓN envía al Sr. Figueras, la expresión más viva de su felicitación cariñosa y de su admiración profunda.

La Coalición, Año XII, número 992. 17 de abril de 1902.

## El invento del Sr. Figueras

Diario de Tenerife, 19 de abril de 1902.

Yo en prensa nuestro número de ayer recibimos la siguiente carta:

Sr. Director del DIARIO DE TENERIFE.

Muy distinguido señor mío y amigo: La prensa de esta Capital y de Las Palmas, me dispensa la honrosa distinción de ocuparse en el invento de mi generador eléctrico, prodigándome elogios que no están en harmonía con la sencillez del principio en que se basa y apoya la invención.

A usted, como decano de los periodistas de Santa Cruz de Tenerife, me dirijo, suplicándole haga constar en el diario de su acertada dirección, mi agradecimiento profundísimo por tan inmerecidas alabanzas; y, al propio tiempo, atendiendo, más que á conveniencias personales, á deberes de justicia, me conviene declarar los siguientes extremos: 1.º Que la invención del generador de electricidad, no es exclusivamente mía, sino que ha sido hecha, en común, por mí y por el jóven é ilustrado electricista D. Pedro Blasberg, con el cual estoy asociado para cuanto se refiere á la parte técnica del invento, 2.º Que ni el Sr. Blasberg ni yo, estamos en relación con ninguna sociedad de electricidad extranjera ni nacional, y 3.º Que, aunque nos hallamos dispuestos á tomar seguidamente el privilegio universal del invento, preferimos aplazar este trámite hasta que trascurra el breve plazo que juzgamos indispensable para poder presentar las máquinas en inmejorables condiciones de construcción y funcionamiento.

Anticipo á V. las gracias por el favor de publicar la presente carta, y me repito de V. afmo. amigo y atento servidor

q. l. b. l. m.

CLEMENTE FIGUERAS.

S|c Abril 18 de 1902

# CARTAS DE CANARIAS

Un invento maravilloso.—D. Clemente Figueras — Primeras aplicaciones — La prensa y el inventor.—Votos y esperanzas.

De vez en cuando ocurre en esta lejana provincia española algo más sensacional que el arribo de vapores ó el paso de tropas para el Transvaal, que á esto se reducen casi por entero las noticias telegráficas que de estas islas publica la prensa de Madrid. Aparte de que aquí se agita una vida agrícola y mercantil, digna de ser en España tan conocida á lo menos como lo es en Inglaterra, y sin perjuicio de que en otro día consagre unas líneas á este género de asuntos, hoy me siento dichosísimo en comunicar á los lectores de EL LÁBARO una noticia de muy diversa índole, con las reservas que lo extraordinario del hecho imponen al periodista.

No sé si el telégrafo la habrá adelantado. En la vecina isla de Tenerife acaba de realizarse un descubrimiento, cuyo portentoso alcance no se ocultará á la ilustración del lector. D. Clemente Figueras, ingeniero de montes de esta provincia, ha resuelto una de las dificultades más insuperables que la naturaleza opone al ingenio humano. Ha logrado aprovechar inmediatamente la electricidad atmosférica, prescindiendo de toda fuerza motriz.

fuerza motriz.

¿Quién es D. Clemente Figueras? Lo de menos es su partida de bautismo. Baste decir que nació en España, pero que en estas islas se le considera como paisano, por haber estado largos años entre nosotros y haberse casado con una hija del país. Mucho tiempo estuvo en Las Palmas, y fué entonces cuando gocé la fortuna de tenerle por profesor de Física y de conocerle y tratarle. Es un tipo de sabio á la española, quiero decir de sabio aislado, de estudioso que por falta de ambiente intelectual se consagra solo, en su gabinete, á los placeres solitarios de la ciencia. Pero también el Sr. Figueras es habilísimo y afortunado en la experimentación y en la aplicación de las teorías físicas. Su casa es un complicado laboratorio. Desde la puerta á la azotea su habilidad técnica ha ido esparciendo mil sorpresas. Parece que vive allí algún Edisson. Quien le conozca no se maravilla de que pueda haber alcanzado la gloria de inventar algo extraordinario. El ilustrado profesor de ese Instituto, D. Mariano Reimundo, que en otro tiempo le trató, no me dejará mentir.

Toda la prensa de esta provincia se muestra alborozada: A pesar de la desconfianza que la experiencia nos debe sugerir en materia de invenciones, la gente se dá á considerar como un hecho el descubrimiento. Verdad es que no faltan justificantes. La casa del benemérito ingeniero aparece iluminada á tenor de ese procedimiento, y como prueba más concluyente ofrece alumbrar de idéntica manera para en breve plazo toda la ciudad de Santa Cruz de Tenerife, aprovechando del viejo material solamente los hilos. A mayor abundamiento, tiempo há que la compañía eléctrica «Unión» (alemana según tengo entendido) tiene puesto un ingeniero suyo á las órdenes de Figueras.

Para mí hay además una prueba moral de que se trata de una cosa seria. No es el autor el que ha echado á la calle la noticia, antes bien la ha reservado. Los periodistas, tal vez un tanto indiscretos, son los que han revelado el secreto, movidos de la apariencia de viabilidad que lleva el portentoso invento. De este optimismo participo, á pesar de que no soy de los más crédulos. ¿Le veremos confirmado? Quiera Dios conceder á la patria en medio de tanta decadencia este relámpago de gloria. De Galvani acá no ha brillado otro semejante en el horizonte de las ciencias físicas.

FR. LESCO.

Las Palmas, Abril 14, 902.

El Lábaro, diario independiente. Año VI, número 1582. 22 de abril de 1902.

# CARTAS DE CANARIAS

Algunos pormenores del invento del Sr. Figueras.—Habla el mismo autor.—Estado de la opinión en el Archipiélago.

Ya que me apresuré á dar á los lectores de EL LÁBARO la noticia escueta del invento realizado en estas islas por el Sr. Figueras, no quiero escatimarles los pormenores que del mismo voy sabiendo ya por la prensa, ya por cuantas referencias particulares me parezcan fidedignas. A mi primera carta, impresionista, por fuerza, desearía añadir otras que fueran poniendo en su punto la viabilidad del invento. Si éste respondiese á las esperanzas que ha despertado, grande sería mi satisfacción por haber enterado tan á tiempo á los que de viejo tienen la benevolencia de leerme, pues á parte de veracidad les debo también simpatía y reconocimiento inmensos. Si estos ensayos, por el contrario, resultasen fallidos, no me pesará tampoco haber emprendido esta información. Siempre es interesante el esfuerzo del sabio, sobre todo cuando va purificado de los dos grandes vicios que suelen afear entre nosotros la labor del hombre de estudios: el charlatanismo y la populachería. El éxito, el diós de nuestros tiempos, no siempre es la medida del mérito. Aparte de esto, también es interesante el espectáculo que ofrece ahora esta provincia española, opuestamente emocionada por el temor y la esperanza, ansiosa de brindar á la patria cuanta gloria pudiera caberle. Es un estado de opinión digno repercutir en las provincias hermanas.

Por fin ha roto su silencio el señor Figueras, y en carta que dirige á la prensa revela parte de la historia íntima del invento, obligado á ello por razones de justicia. Proclama ante todo coautor del mismo al joven é inteligente electricista don Pedro Blasberg. Declara asimismo que no están en relación con ninguna sociedad electricista, ni extranjera ni nacional, y añade que, por más que se hallen dispuestos á tomar (desde ahora si fuera necesario) el privilegio universal de invención, prefieren retardar su adquisición por breve plazo, con objeto de presentar las máquinas en condiciones inmejorables.

Fuera de estas noticias auténticas, se dice verosímilmente que el señor Figueras y su compañero no han ocupado nunca, como al principio se entendió, ninguna empresa extranjera y que todas las piezas que hubieron de necesitar las encargaron en fábricas nacionales, con cuidado de acudir á talleres distintos con el fin de que los aparatos no pudiesen ser reconstruídos.

El que recoge la electricidad atmosférica lleva el nombre de *generador Figueras*. Este pone en actividad un motor. Sé que el propio inventor ha dicho que el principio en que el descubrimiento se basa es simplicísimo. Y no han trascendido más pormenores, que yo sepa y pueda trasmitir con confianza de no sufrir un desengaño.

Aunque pocos, tengo sumo gusto en remitirlos; más, mucho más que el que tendría en comunicar la nueva de la muerte de un torero, el triunfo de unas elecciones ó cualquier otro de los misérrimos tópicos de nuestra información habitual.

FR. LESCO.

Las Palmas, Abril 24 de 1902.

El Lábaro, diario independiente. 1 de mayo de 1902.

# En propia defensa

### Al Excmo. Sr. D. José Echegaray

El *Diario de Tenerife*, de los días 8 y 9 del corriente, copia una crónica científica que el Sr. Echegaray publica, con fecha 1.º de Mayo, en un periódico americano. De haber conocido antes este trabajo, nos hubiéramos apresurado á suministrar datos bastantes para impedir que la crónica científica que autor tan competente y distinguido como el Sr. Echegaray envía *allende* los mares, no adoleciera de la falta de información que se hubiera podido facilitar *aquende*. Vamos, pues, á cumplir con ésto; que nosotros consideramos un deber; pues que nuestro silencio y nuestras reservas han sido causa de que el artículo á que nos venimos refiriendo adolezca de inexactitudes que pueden y deben repararse: pero el Sr. Echegaray es sabio de primera é indiscutible magnitud, y además distinguidísimo dramaturgo, así es que viste sus escritos con tan explendidas galas literarias, que, el hecho por nosotros, pobres electricistas á secas, parecerá yermo estéril al lado de bien florido jardín. Es verdad que nosotros no pretendemos que éste trabajo llegue á publicarse en periódicos tan importantes como el *Diario de la Marina* de la Habana, pues nuestras aspiraciones no tienen más alcance que suministrar al Sr. Echegaray los datos y antecedentes necesarios para que no se pierda en conjeturas respecto al invento que le preocupa.

Entendemos nosotros que los puntos esenciales que abarca la crónica que contestamos, se reducen á los siguientes. 1.° Si nosotros nos hemos ocupado realmente en la invención de que habla la prensa de Canarias, ó todo esto es una broma, ó una ilusión. 2.° Si es ó no posible recojer industrialmente la electricidad atmosférica, tanto en tiempos serenos, como en los momentos tempestuosos.

Ante todo, conste que agradecemos profundamente al Sr. Echegaray las frases de indulgencia que dedica de vez en cuando, al Sr. Figueras, porque engríe mucho al discípulo el más ligero elogio que le dirija el maestro.

La idea de la invención de un dispositivo mecánico que produzca grandes corrientes eléctricas industriales, sin necesidad de emplear fuerza mecánica ni acción química de ninguna especie, es en nosotros, sumamente antigua; y, en estos últimos tiempos, asociados los que suscriben, hemos trabajado juntos y en común, persiguiendo la materialización de la idea primitiva, ya en una forma ya en otra, hasta llegar á conseguir el fin propuesto.

Dice el Sr. Echegaray que la electricidad no es una fuerza *per se*, sino la transformación de otras fuerzas que el hombre halla creadas y que convierte ó transforma en corrientes eléctricas; nosotros, y con nosotros todo el mundo, considera la electricidad como efecto del movimiento vibratorio de las moléculas de los cuerpos. En el hierro dulce, en la atmósfera en tiempos serenos, y probablemente en todos los cuerpos, se halla electricidad en forma ó disposición tal que no es la oportuna para producir corrientes, y la fuerza mecánica ó química ó cualquiera otra que el hombre emplea para obtener el resultado que persigue, no hace sino orientar estas corrientes y disponerlas á la marcha, en forma de flujo eléctrico. Así es que, en la dinamo, por ejemplo, la fuerza mecánica necesaria para moverla, no crea las corrientes eléctricas, ni se convierte en ellas, no hace sino orientar convenientemente las existentes en la máquina y ponerlas en estado utilizable.

Si en tiempos tempestuosos existen en la atmósfera cantidades grandísimas de electricidad á alta tensión, no cabe suponer que, en esa misma atmósfera, no haya electricidad en tiempos bonancibles y de calma, porque entonces no nos explicaríamos de donde ni como había aparecido la electricidad necesaria para producir el trueno y el rayo.

No nos extraña que el Sr. Echegaray llegue á suponer que pretendemos recojer y acumular la electricidad de las nubes tempetuosas; pero el que conozca la población de Santa Cruz de Tenerife y sepa que nosotros hacemos aquí nuestros trabajos, no pensará jamás en semejante idea, porque le bastará recordar que en esta Capital no hay nunca tempestades, ni grandes ni pequeñas. Por lo demás, si la Física moderna tiende á asentar como cierta y segura la idea de *unidad de fuerza, de materia, y de movimiento*, ¿cómo es posible dejar de considerar á la electricidad como una fuerza? De otro modo, el magnetismo terrestre se hace inexplicable, y aún más el *poder de atracción* del hierro y del acero bajo la influencia de una corriente eléctrica, fenómeno asombroso del cual se ha fantaseado mucho y se ha llegado á saber bien poco. La fuerza mecánica, no tiene el oficio de crear las corrientes de inducción: ellas existen, en estado que pudiéramos llamar latente, y (perdónesenos la ambigüedad de la palabra,) y la fuerza mecánica no hace sino orientar las moléculas y provocar un cierto y determinado potencial.

El hierro dulce, bajo la influencia de una corriente se imanta; y éste poder atractivo, verdadera fuerza industrial, produce corrientes inducidas en un circuito cercano, hecho bien conocido y que prueba, hasta la evidencia, que las corrientes del imán, antes dispersas y ahora acopladas en debida forma, son idénticas á las que se producen en el inducido, como que son las mismas. Repetimos que consideramos siempre á la electricidad como una verdadera fuerza, pues que es producto del movimiento vibratorio molecular, porque de no hacerlo así, es imposible darse cuenta de la causa del movimiento en cualquier electro-motor. Además ¿si se cita como orígen de energía el calor, como no citar también la electricidad; cuando ambos agentes tienen su causa en el movimiento de trepidación molecular de los cuerpos?

En crónicas semi-científicas, semi-literarias, como deben ser las que ven la luz pública en el *Diario de la Marina* de la Habana, cabe muy bien decir que la electricidad es fuerza y no es fuerza; pero, al considerar esta importante cuestión, situándose en el inconmovible terreno de la ciencia, es preciso confesar que la electricidad es causa de movimiento y por lo tanto fuerza, y fuerza de las que se aprovechan industrialmente.

No sabíamos que las personas de este pais fueran aficionadas á bromas, hasta el punto de que dieran á la publicidad la noticia de un invento que no existiera. Por el contrario, la prensa local y hasta los mismos particulares, nuestros convecinos, han guardado, respecto á este asunto, una circunspección y una reserva que, sin excluir ayuda y alientos para los inventores, pone fuera de juicio la seriedad é ilustración de este hermoso país.

Nosotros no hemos dicho jamás á nadie que quisiéramos ampararnos de la electricidad de la atmósfera, ni de las nubes. El deseo, muy legítimo y muy laudable en la prensa, de decir algo á sus lectores acerca de la índole del invento, ha desnaturalizado los hechos, y nosotros, poco gustosos de molestar á cada momento la atención pública con esta clase de asuntos, no hemos rectificado la especie. Hoy, que vemos enteramente desacertada la opinión, al suponer que nosotros vamos buscando nuestro predilecto agente en las alturas donde nacen y se desarrollan las tormentas, ó en las placideces de la atmósfera de un día estival, declaramos que nos contentamos con recojer y convertir en corrientes eléctricas industriales las vibraciones de la materia, ó del éter, ó de ambas cosas juntas. Caen, por su base, por lo tanto, todas las apreciaciones hechas por el señor Echegaray con tanto talento como ilustración y competencia, pero sin el debido conocimiento de la índole del invento y sin base alguna para formar juicio del mismo. Nuestra, y no suya, es la culpa; por eso nos apresuramos á subsanarla, en lo posible, porque la sencillez del principio en que se basa y apoya nuestro invento, nos impide entrar en detalles que pudieran comprometer nuestros intereses.

Solo las impaciencias y los deseos vivísimos de ver prontamente transformada en hechos tangibles é industriales la invención cuyo principio aquí ha nacido y se ha desarrollado, han hecho despertar recelos que bien pronto se han de disipar. Conste, pues, que no hay *invención de invención*, ni bromas pesadas ni ligeras, ni ideas en gérmen, ni ilusiones, ni fantasmagorías, ni locuras, ni mucho menos, mistificaciones, según creemos firmemente que nos hará la justicia de pensar la gente sensata que nos conoce y nos estima. Que la prensa, sobre todo la americana, es ancho campo donde, por desgracia, caben los grandes noticiones ó los mayores *canards*, es cosa por demás sabida, pero en el caso presente la prensa local, con prudente reserva que le honra, se ha quedado muy por bajo de la verdad y ha sido parca en noticias y ampulosidades, por más de que no haya podido ocultar el júbilo y la satisfacción que la noticia del descubrimiento produjo en todas las esferas sociales.

Sin pretender llegar á las grandes alturas donde han logrado inscribir sus nombres Edisson, Marconi, Gramm, Röntgen y otros elejidos, hemos logrado hacer un descubrimiento de importancias industriales excepcionales, que dejarán atrás y empequeñecido lo anticipado por la prensa. Al materializar el invento, nos han salido al frente dificultades de detalle, naturales en todo lo que es nuevo y desconocido; pero que, lejos de abatirnos y desanimarnos, nos estimulan y alientan para proseguir con más empeño, si cabe, en nuestra empresa. En ella hemos de alcanzar la victoria, que el que lleva tiempo tan largo madurando una idea, no se ha de descorazonar porque una pieza no funcione desde el primer momento con regularidad perfecta.

Asegura el Sr. Echegaray que la naturaleza del problema hace por lo menos sospechosa la invención; y esto es una gran verdad. El error y mayúscule está en suponer, y dar por sentado, que nosotros vamos á ampararnos de la electricidad de la atmósfera y de las nubes, cuando esto no es así, ni muchísimo menos. No cabe duda de que llegará un día en que el hombre consiga almacenar la enorme tensión con que estalla el rayo en las tempestades, pero creemos que, antes de que se imponga la necesidad de acudir á estos extremos, se ha de hallar, en lugares mas cercanos y accesibles, el orígen de la energía eléctrica.

Ya hemos dicho qué derroteros llevamos. Cuando los hayamos recorrido todos, y llegado á hacer intachable la materialización de nuestro invento, echarémos fuera toda especie de reservas, y, ante los hechos, y con la fuerza demostrativa de la práctica, haremos ver, á todo el mundo, que es efectivamente cierto lo que dice el sabio maestro D. José Echegaray: Que, tratándose de electricidad, no puede ni debe pronunciarse nunca la palabra *imposible*.

**Clemente Figuera.**

**P. Blasberg**

Sta. Cruz de Tenerife Julio 12 de 1902.

---

Diario de Las Palmas, 17 de julio de 1902.

# CARTAS DE CANARIAS

Más del invento Figuera-Blasberg.—Las opiniones de dos sabios, Echegaray y Garret.—La prensa extranjera.

El invento *Figuera-Blasberg*, del cual tienen conocimiento mis lectores, no ha dado en el período transcurrido desde mi última carta grandes motivos á la crónica periodística, como no sea un incidente debido á ciertas apreciaciones que el Sr. Echegaray hizo de él en un diario de la Habana.

El brillante cronista científico, mal informado sin duda, se da á la conjetura y llega á suponer que se trata de un aparato que recoja y aumente la electricidad de las nubes tempestuosas. Sobre este supuesto endilga una crítica científica que no deja bien parado el invento, hasta el punto de dudar de si es una broma ó una ilusión.

Los autores han contestado cumplidamente al Sr. Echegaray. Le hacen notar que mal pudieron pretender el aprovechamiento de la electricidad en las tempestades, habiendo hecho las pruebas en un país como éste, donde no las hay. Agregan, por otra parte, que no han buscado su predilecto agente en las alturas, donde la tormenta se forja, ni en la placidez atmosférica en los días bonancibles: se contentan de recoger y convertir en corrientes eléctricas industriales las vibraciones de la materia ó del eter ó de ambas cosas juntas. He trascrito fielmente sus palabras.

Otros comentos, no tan escépticos como el del Sr. Echegaray, cunden en al prensa técnica. El conocido tratadista *Mr. Garret P. Servís* se muestra optimista y esperanzado al hablar del invento del sabio español. *Constantemente lo he estado esperando*, dice. A este propósito recuerda las palabras del insigne Tesla: *la maquinaria de nuestras industrias será algún día expulsada por una energía obtenida en cualquier punto del universo. Todo ello es cuestión de tiempo. Los hombres llegarán á conexionar sus máquinas con la propia máquina de la Naturaleza.*

Cree el escritor francés que el aprovechamiento de electricidad se hace del almacenaje de la energía contenida en el planeta.

La tierra al moverse es capaz de generar un campo magnético, con el auxilio del cual nos apoderaríamos de una fuerza que continuamente se está escapando á nuestro dominio

Es un hecho que los Sres. Figuera y Blasberg han construido un motor de veinte caballos, con electricidad acumulada sin necesidad de dinamos. Ante ese invento es necesario repetir lo que á propósito ha dicho el señor Echegaray, á pesar de sus dudas y de su escepticismo: tratándose de electricidad nunca debe emplearse la palabra *imposible*.

La prensa extranjera ha consagrado gran atención al anunciado invento. Entre los grandes periódicos se ha distinguido por su amplia y minuciosa información el *Daily Mail*.

Los autores embarcarán de un día á otro para la Península. Si allí no encuentran el apoyo que esperan, marcharán á Alemania. La prensa local, al menos, así lo dice.

FR. LESCO.

El Lábaro, diario independiente. 1 de septiembre de 1902.

De *El Diario de las Palmas*:

«Sentimos no poder emplear el tecnicismo que el extraordinario suceso reclama, ni dar explicaciones claras y precisas que expresen toda la importancia del descubrimiento y lo presenten á la curiosidad del lector lo suficiente detallado para comprenderlo y comentarlo á conciencia; pero como no somos peritos en la materia ni son concretas las noticias hasta nosotros llegadas, creemos cumplida nuestra misión siendo fieles narradores de lo que sabemos.

Trátase de un portentoso descubrimiento realizado por nuestro distinguido amigo D. Clemente Figueras, inspector de montes de la provincia, al que había dedicado veinte años de continuos trabajos, y cuyos resultados, según pruebas practicadas, han sido en extremo satisfactorios.

El Sr. Figueras, y este es el hecho, ha conseguido aprovechar directamente la electricidad atmosférica y aplicarla sin necesidad del empleo de ninguna fuerza motriz. En adelante no habrá temores de que se paralice el movimiento de esa inmensa red de máquinas con que el progreso ha sustituido la labor humana; porque ni el agua ni el carbón ni combustible alguno precisa para alimentarlas.

Es tan asombroso el invento del señor Figueras que ha de provocar indefectiblemente una verdadera revolución científica y social. Los esfuerzos de los sabios, de estos héroes que se consagran á arrancar secretos á la naturaleza para beneficiar á la humanidad, se han dirigido á ese objetivo, considerado como irrealizable; de modo que ya puede calcularse la trascendencia grande del descubrimiento del señor Figueras.

La casa residencia del Sr. Figueras en Santa Cruz, alumbrada por ese procedimiento con luz eléctrica, la ofrece como justificante de su invento. También sirve de demostración á la efectividad del acontecimiento, el envío de un ingeniero hecho por la Compañía de electricidad *La Unión*, que negocia anualmente por millones y que está siempre al acecho de cualquier reforma en defensa de sus intereses, para que gestionase del Sr. Figueras un convenio y pusiese á su disposición cuantos recursos le fuesen indispensables al mejor éxito de sus trabajos; ingeniero que lleva algún tiempo ya en Santa Cruz, á las órdenes del señor Figueras.

Como prueba decisiva anúnciase, para breve plazo, el alumbrar toda la ciudad de Santa Cruz, utilizando del eléctrico actual solo los hilos.

Honrados desde antiguo con la amistad del Sr. Figueras conocemos su carácter y sus relevantes dotes, su laboriosidad y su constancia; pero á pesar de ello, nos ha sorprendido su descubrimiento, el primero de trascendencia del actual siglo y uno de los más maravillosos que registran los anales de la historia.

Si, conforme se asegura, el invento del Sr. Figueras no admite dudas de ninguna clase, ha resuelto dicho señor el problema más difícil y complicado que al estudio de los sabios se había sometido.

Ignoramos el efecto que producirá en el Sr. Figueras la revelación pública de su secreto; pero conste que le hemos divulgado por que no podíamos con tan enorme peso. Además, nos parecía un delito ser reservados en un asunto llamado á tener ruidosa y extraordinaria resonancia».

El Lábaro,
diario independiente.
Año VI, número 1583.
23 de abril de 1902.

Participan de Las Palmas que el ingeniero D. Clemente Figueras, cuyo nombre circuló recientemente por la prensa á consecuencia de haber inventado un acumulador de la electricidad atmosférica, ha hecho otro descubrimiento que, según el propio inventor, hará una revolución en la industria.

Constituye el nuevo invento un motor, del cual solo se dice que lleva inmensas ventajas á los que ahora se emplean en la producción industrial, pero cuya explicación no se detalla.

Añaden despachos de Canarias que los inventos del Sr. Figueras son desde hace algunos días en las islas la única actualidad que atrae la atención de todos.

El Ebro, diario de Tolosa. Año III, número 401. 23 de abril de 1902.

—Comunican de Las Palmas, que una compañía madrileña ha telegrafiado al ingeniero don Clemente Figueras, ofreciéndole treinta millones de pesetas, para la explotación del invento del que se ha ocupado estos últimos días la prensa.

La Lucha, Gerona. Año XXXII. Número 7641. 25 de abril de 1902.

La Compañía Madrileña de Electricidad ha ofrecido 30 millones de pesetas al ingeniero don Clemente Figueras para explotar su invento de nuevos motores eléctricos.

Noticiero salmantino: diario imparcial de la tarde. Año V, número 1492. 25 de abril de 1902.

**Traslado**
Según la prensa de Las Palmas, el Ingeniero de montes D. Clemente Figueras, ha pedido su traslado á Madrid.

La Opinión, Tenerife, 7 de mayo de 1902.

**Título honorífico**
El Ayuntamiento de Arrecife acaba de nombrar hijo adoptivo de aquella Ciudad, al ingeniero de Montes don Clemente Figueras.
También trata de invitar á las demás corporaciones de la isla para elevar solicitud al Gobierno, al objeto de que se le conceda un título honorífico por el invento realizado.

La Opinión, Tenerife, 13 de mayo de 1902.

Leemos en un colega:

«Según cartas de personas autorizadas que hemos visto, varias compañías extranjeras, entre ellas una americana, han hecho ventajosas proposiciones al ingeniero don Clemente Figuera, para explotar su invento.

Tenemos entendido que el Sr. Figuera ha firmado ya la escritura con una sociedad de banqueros de Madrid, la cual cuenta con un capital de treinta millones de pesetas para la explotación del invento referido.

La Región Canaria, 24 de mayo de 1902.

El Sr. D. Clemente Figueras ha recibido ya la maquinaria que había encargado para el notable generador que ha inventado.

Diario de Tenerife, 6 de junio de 1902.

Embarcarán hoy para la Península y el extranjero, después de haber otorgado escritura de Sociedad, ante el Notario D. Antonio Delgado y Castillo, para explotar el invento de que se ha dado cuenta en la prensa, los señores don Clemente Fuigueras y D. Pedro Blasberg.

La Opinión, Tenerife, 16 de agosto de 1902.

Procedente de Canarias, y de paso para Bélgica, ha llegado á Cádiz el ilustrísimo ingeniero D. Clemente Figueras, de cuyo invento sobre utilización de la electricidad de la atmósfera se ha ocupado recientemente los periódicos.

El Guadalete, periódico político y literario. Año XLVIII, num. 14539. 21 de agosto de 1902.

Recibimos hoy, de los Sres. Figueras y Blasberg, la siguiente carta que publicamos con mucho gusto, esperando poder dar pronto cuenta del éxito completo de sus experiencias y de la confirmación del invento:

Sr. Director del DIARIO DE TENERIFE.

Muy distinguido señor nuestro: con el mayor éxito y sin más dificultades que las inherentes á ésta clase de trabajos, nos hallamos verificando las pruebas definitivas de las máquinas de nuestra invención, extremando la reserva hasta el punto de no haber enterado á nadie absolutamente de nada que al dicho invento se refiera, pues la índole del asunto y la magnitud y trascendencia de los resultados obtenidos nos obligan á proceder de ésta manera.

Ni la más insignificante noticia hemos dado á la prensa de Las Palmas; pero, tan pronto como las circunstancias nos permitan prescindir, en todo ó en parte, del sistema de reserva que nos hemos impuesto, tendremos la honra de dirijirnos á los periódicos de esta Capital y de Las Palmas, dándoles cuenta del resultado de las pruebas, y de algunos detalles que créamos puedan interesar al público

Diario de Tenerife, 16 de junio de 1902.

## El Invento del señor Figuera

Cuando circularon los rumores del invento realizado por nuestro querido amigo el sabio ingeniero D Clemente Figuera, fuimos de sus creyentes convencidos, porque conocedores del carácter de Figuera teníamos por seguro que él no hacía publicamente una afirmación de tanta trascendencia, á no ser que estuviese loco, sin estar plenamente convencido de que había hecho un descubrimiento de esos que realizan una gran revolución en el mundo industrial.

Fé tuvimos en él desde los primeros momentos, y ésta fué acreciendo en nosotros á medida que el ilustre ingeniero nos iba comunicando, por medio de sus notables trabajos que se publicaron en estas columnas, las teorías del invento, reservando como era natural, el secreto del mismo. Ya no es posible que ni siquiera los más incrédulos, duden del invento del Sr. Figuera, por cuanto éste acaba de vender, suponemos que por crecidísima suma, la patente española que obtuvo de nuestro Gobierno al llegar á Madrid. La compañía que la ha comprobado bien se habrá cerciorado, antes de entregar el capital extipulado entre aquélla y el inventor, de que el descubrimiento no deja lugar á la más mínima duda. He aquí el telegrama del señor Figuera que tanta satisfacción nos ha producido:

> *Madrid 15—13 h.*
>
> *Acabo firmar escritura venta patente española gestionando formación sindicato primeros banqueros mundo. Enhorabuena.*
>
> FIGUERA.»
>
> Mucho celebramos que en Canarias se haya hecho un descubrimiento de esa naturaleza que á esta fecha ha de preocupar á las grandes compañías del mundo y á los mismo gobiernos; y mucho nos satisface también el patriotismo del Sr. Figuera por haber obtenido la patente de su invención en España, sacrificándose quizá en sus intereses, pues nadie ignora como se pagan los grandes descubrimietos en otras naciones.
>
> Reciba el Sr. Figuera nuestra más cordial enhorabuena que hacemos extensiva á la distinguida familia del sabio inventor.

La Región Canaria, 24 de septiembre de 1902.

> Ha sido trasladado á Barcelona á la tercera Inspección forestal, el Inspector del cuerpo de Montes, señor D. Clemente Figueras, que presta sus servicios en esta provincia.

La Opinión, Tenerife, 16 de junio de 1903.

Dimos noticia de la llegada á la península del Sr. D. Clemente Figueras, ingeniero residente en Santa Cruz de Tenerife y autor del invento de utilización de la electricidad atmosférica.

Según noticias, en Madrid el Sr. Figueras vendió la patente española de su invento por una importante cantidad, figurando, además como accionista del sindicato de banqueros de todas naciones, que haya de formarse.

El Sr. Figueras queda en libertad de vender la patente de su invención á cada una de las naciones del mundo, supuesto que no ha vendido sino la española, y parece que una importante compañía inglesa le ha ofrecido una cantidad respetable por la venta de la patente para explotar su invento en Inglaterra y sus colonias.

La Opinión, Tenerife, 9 de octubre de 1902.

**Aprovechamiento de la electricidad atmosférica.—** Según nos refieren diversas revistas técnicas, el ilustrado ingeniero español D. Clemente Figueras, profesor que ha sido, hasta hace poco, del colegio de San Agustín de las Palmas (Canarias), ha descubierto el medio de transformar la energía eléctrica de la atmósfera de modo tal, que su empleo en la industria puede considerarse un hecho consumado.

El inventor se reserva, por hoy, el secreto de su notable aparato, cuyas diversas piezas se están construyendo en París, Berlín, América y algunas de ellas en la importante casa española constructora de dinamos, Planas Flaquer y C.ª, de Gerona.

La revista de Nueva York *Electrical Age* afirma que el Sr. Figueras puede obtener con su aparato una corriente de 550 voltios, por medio de la cual acciona un motor de 25 caballos, que pueden destinarse á usos industriales. El alumbrado eléctrico de su casa lo consigue el inventor por su nuevo procedimiento, á un precio verdaderamente irrisorio.

Afirma la indicada revista que le han sido ofrecidas al Sr. Figueras sumas enormes por la cesión de su invento; pero ninguna de las ventajosas proposiciones ha sido aceptada. Si la práctica confirma los extraordinarios resultados del nuevo descubrimiento, se comprenderá fácilmente la trascendencia grandísima y la revolución que en la moderna industria producirá el notable descubrimiento de nuestro insigne compatriota.

La Ilustración Española y Americana, 30 de noviembre de 1903.

Hace algún tiempo corrió por la Prensa española la noticia de que el ingeniero Sr. Figueras estudiaba en las islas Canarias el medio de utilizar la colosal fuente de energía eléctrica con que nos brinda la atmósfera, no sólo en sus violentas é imponentes tempestades, sino cuando al parecer está tranquila. No hablamos vuelto á saber nada de la idea del genial español, que, caso de realizarse, causará una verdadera revolución en el mundo entero, cuando con gran sorpresa leemos en un periódico alemán que D. Clemente Figueras está en vías de realizar su atrevido pensamiento; que el inventor conserva todos los detalles del aparato en el más impenetrable secreto, y que para poderlo guardar mejor, para ponerse á cubierto de las asechanzas de algún ladrón de ideas ajenas, ó de una perjudicial y cacareada populachería, hace construir los diferentes órganos de su aparato en distintos sitios: en Berlín, en París y hasta en América. Una revista técnica americana, *Electrical Age*, asegura que el inventor puede con su aparato obtener una corriente de 550 voltios, capaz de accionar un motor de 25 caballos.

Claro está que esta noticia hay que acogerla con la reserva consiguiente, por la magnitud de la empresa; pero bueno es que el inventor siga estudiando con cariño problema tan interesantísimo para la humanidad, y que la Prensa científica extranjera dé al invento caracteres de verosimilitud.

La Cruz, Tarragona, 23 de septiembre de 1906.

Ha fallecido en Barcelona el inspector general de primera clase del cuerpo de montes D. Clemente Figueras muy conocido de nuestro público por haber estado destinado en esta Capital algún tiempo donde publicó varios artículos científicos en los que trataba de demostrar que con un aparato de su invención acumulaba del espacio una cantidad considerable de fuerza eléctrica con la cual, hasta se dijo, llegó á iluminar su casa habitación con este producto, pero cuyo invento yace hasta la fecha en la oscuridad

Descanse en paz. dicho Sr.

El País, 6 de noviembre de 1908.

# PRENSA INTERNACIONAL

## ELECTRICITY FROM THE AIR.

### Engineer Discovers a Method of Using It Without Chemicals or Dynamos.

LONDON, June 9.—A dispatch to The Daily Mail from Las Palmas, Canary Islands, says that a prominent engineer of that town named Figueras claims to have discovered a method of utilizing atmospheric electricity without chemicals or dynamos, and that he is able to make practical application of his method without employing any motive force.

Señor Figueras believes that his invention will bring about a tremendous industrial revolution.

New York Times, 9 de junio de 1902.

### A WONDERFUL INVENTION.

LAS PALMAS, Friday.—Senor Clemente Figueras, engineer of woods and forests, in Canary Islands, claims to have invented a generator which can collect electric fluid without chemicals or dynamos, store it and apply it to any purpose in connection with shops, railways, and manufactures, without need of employing any motive force. He expects that its effect will be a tremendous economic and industrial revolution with small rough and defective apparatus. Senor Figueras obtains a current of 560 volts, which he utilises in his own house for lighting purposes and for driving a motor of twenty horse power.

The Cornishman, 12 de junio de 1902.

# TO USE ELECTRICITY OF THE ATMOSPHERE

## Las Palmas Man Said to Have Solved Difficulty.

### Neither Chemicals Nor Dynamos Necessary, It Is Claimed—A Simple Discovery.

LONDON, June 9.—Under date of June 6 the Las Palmas correspondent of the "Daily Mail" sends a remarkable account of a great scientific discovery. According to the correspondent the discovery is a method of directly using atmospheric electricity without chemicals or dynamos and practically applying it without any motive force. The discoverer is Senor Clemente Figueras, engineer of woods and forests for the Canary Islands, and for many years professor of physics at St. Augustine's College, Las Palmas, and known as a scientific student.

### The Secret Guarded.

Hitherto he has jealously guarded the secret of his labors, fearing that a premature revelation might rob him of his reward. Even now, while he claims to have entirely succeeded, he remains silent concerning the exact principles of his discovery. He claims, however, to have invented a generator which can collect the electric fluid, and is able to store it and to apply it to an infinite number of purposes, for instance, in connection with ships, railways, and manufactories. He says he expects the effect of his discovery will be a tremendous economic and industrial revolution.

He will not give the key to his invention, but declares that the only extraordinary point about it is that it has taken so long to discover a simple scientific fact. The people of the Canary Islands consider Prof. Figueras to be very clever, and they firmly believe that his invention is genuine. He had his apparatus made in separate parts in Paris, Berlin and Las Palmas, and fitted them together himself.

### Berlin Firm Curious.

The firm in Berlin, which supplied some of the parts, was curious enough to send to the Canary Islands an emissary to try to draw the professor out, but the attempt was unsuccessful.

Prof. Figueras is shortly going to Madrid and Berlin to patent his invention. A German electrical company is reported to have offered a very large sum for the invention, while a syndicate in Barcelona has also made a generous offer. Neither advance has been accepted.

This, the correspondent adds, is all that it is possible to obtain at present. No opinion can be expressed as to the value of the discovery until further details are known.

### Apparatus Constructed.

The "Mail" adds that it has learned from other sources that Prof. Figueras has constructed a rough apparatus by which he obtains a current of 550 volts, which he utilizes in lighting his house and driving a twenty-horsepower motor. He is shortly coming to London with a perfected working apparatus. His inventions comprise a generator, motor, and sort of governor or regulator. The whole apparatus is so simple that a child could work it.

The Washington Times, 9 de junio de 1902.

# USES ELECTRICITY WITHOUT A MEDIUM

Scientist Declares He Can Apply Atmospheric Current Without Motive Force.

## WAS SIMPLE DISCOVERY

Senor Clemente Figueras, Engineer, of Canary Isles, Inventor of the Method.

[SPECIAL CABLE TO THE HERALD.]

The HERALD'S European edition publishes the following from its correspondent:—

LONDON, Monday. — A most remarkable claim, the genuineness of which it is as yet impossible to test, says a cable despatch published by the Daily Mail from its Las Palmas correspondent, has been made by Señor Clemente Figueras, Engineer of Woods and Forests in the Canary Islands, for many years professor of physics at St. Augustine's College at Las Palmas.

It seems that for many years he has been working silently at a method of directly utilizing atmospheric electricity—that is to say, without chemicals or dynamos—and making a practical application of it without the need of employing any motive force.

A true revelation might rob him of his reward, and even now, while he claims to have succeeded, he is silent concerning the exact principles of his discovery.

He asserts, however, he has invented a generator by which he can collect electric fluid so as to be able to store it and apply it for infinite purposes—for instance, in connection with shops, railways and manufactures.

He says he expects its effect will be a tremendous economic and industrial revolution. He will not give the key to the invention, but declares that the only extraordinary point about it is that it has taken so long to discover a simple scientific fact.

He intends shortly going to Madrid and Berlin to patent his inventions.

In addition to the discovery, the Daily Mail says that, according to letters received in London from his friends in Teneriffe, Señor Figueras has constructed a rough apparatus by which, in spite of its small size and defects, he obtains a current of 350 volts, which he utilizes in his own house for lighting purposes and driving a motor of twenty horse power.

His inventions comprise a generator, a motor and a sort of governor or regulator, the whole apparatus being so simple that a child could work it.

New York Herald,
9 de junio de 1902.

# ELECTRIC MOTOR SECRET SAID TO HAVE BEEN SOLVED.

## Signor Clemente Figueras Has Contrivance Which He Says Will Generate Power at Nominal Cost.

[BY CABLE TO THE CHICAGO TRIBUNE.]

LONDON, June 9, 3 a. m.—Señor Clemente Figueras of Las Palmas, Canary Islands, is credited with having invented a contrivance which generates electricity without the use of any intermediate motive power or chemical action, but simply gathers the force from the atmosphere. The report of the invention comes from the Daily Mail correspondent at Las Palmas, who says Señor Figueras has one of his machines in successful operation in his house.

The discoverer, Señor Clemente Figueras, is Engineer of Woods and Forests for the Canary Islands, and for many years professor of physics at St. Augustine's College, Las Palmas, and long known as a scientific student.

### Has Kept Invention Secret.

Hitherto he has jealousy guarded the secret of his labors, fearing that a premature revelation might rob him of his reward. Even now, while he claims to have entirely succeeded, he remains silent concerning the exact principles of his discovery. He claims, however, to have invented a generator which can collect the electric fluid, to be able to store it, and to apply it to an infinite number of purposes, for instance, in connection with ships, railways, and manufactories.

He says he expects the effect of his discovery will be a tremendous economic and industrial revolution. He will not give the key to his invention, but declares that the only extraordinary point about it is that it has taken so long to discover a simple scientific fact. The people of the Canary Islands consider Professor Figueras to be exceedingly clever and they firmly believe that his invention is genuine.

### Machine Made in Separate Parts.

He had his apparatus made in separate parts in Paris, Berlin, and Las Palmas, and fitted them together himself. The firm in Berlin which supplied some of the parts was curious enough to send to the Canary Islands an emissary to try to draw information from the professor, but the attempt was unsuccessful. Professor Figueras is shortly going to Madrid and Berlin to patent his invention. A German electrical company is reported to have offered a large sum for the invention, while a syndicate in Barcelona has also made a generous offer. Neither advance has been accepted.

The Mail adds that it has learned from other sources that Professor Figueras has constructed a rough apparatus by which he obtains a current of 550 volts, which he utilizes in lighting his house and driving a twenty-horse power motor. He is shortly coming to London with a perfected working apparatus. His inventions comprise a generator, motor, and sort of governor or regulator. The whole apparatus is so simple that a child could work it.

Chicago Daily Tribune,
9 de junio de 1902.

# ELECTRICITY FROM AIR.

Señor Figueros, From the Canary Islands, Reports a Discovery for Making Power Without Chemicals.

[BY DIRECT WIRE TO THE TIMES.]

NEW YORK, June 8.—[Eclusive Dispatch.] The Herald's London correspondent says a most remarkable claim, the genuineness of which it is as yet impossible to test, has been made by Señor Clemente Figueras, engineer of Woods and Forests in the Canary Islands and for many years professor of physics at St. Augustine's College at Las Palmas. For many years he has been working silently at a method for directly utilizing atmospheric electricity; that is to say, without chemicals or dynamos, and making practical application of it without the need of employinng any motive force.

He asserts that he has invented a generator by which he can collect electric fluid so as to be able to store it and apply it for infinite purposes; for instance, in connection with shops, railways and manufactures. He says he expects its effect will be a tremendous economic and industrial revolution. He will not give the key to the invention, but declares that the only extraordinary point about it is that it has taken so long to discover a simple scientific fact.

He intends to go to Madrid and Berlin shortly to patent his inventions. Señor Figueras has constructed a rough apparatus by which, in spite of its small size and defects, he obtains a current of 550 volts, which he utilizes in his own house for lighting purposes and driving a motor of twenty-horse power. His inventions comprise a generator, a motor and a sort of governor or regulator, the whole apparatus being so simple that a child could work it.

Los Angeles Times, 9 de junio de 1902.

A "Daily Mail" correspondent sends what "Nature" describes as a somewhat gushing account of "a most remarkable claim, the genuineness of which it is yet impossible to test," made by Senor Clement Figueras, and engineer of woods and forests in the Canary Islands, and for some years professor physics at St. Augustine's College, Las Palmas. Signor Figueras for many years has been working silently at a method of directly using atmospheric electricity, and of making practical application of it without the need of employing any motive force. He claims to have invented a generator which can collect the electric fluid, to be able to store it, and to apply it to infinite purposes, for instance, in connection with shops, railways, and manufactures. He will give the key to his invention, but declares that the only extraordinary point about it is that it has taken so long to discover a simple scientific fact. According to letters received in London from a friend, Mr. E. Ley, of Teneriffe, "Senor Figueras has constructed a rough apparatus by which, in spite of its small size and its defects, he obtains a current of 550 volts, which he utilises in his own house for lighting purposes and for driving a motor of 20 horse-power. Signor Figueras is shortly coming to London, not with models or sketches, but with a working apparatus. His inventions comprise a generator, a motor, and a sort of governor or regulator, and the whole apparatus is so simple that a child could work it."

The West Australian (Perth), 4 de octubre de 1902.

# SENOR FIGUERAS, A NEW EDISON

## Discovers Method of Using Atmospheric Electricity Without Chemicals or Dynamos.

London, June 9.—Under date of June 6 the Las Palmas correspondent of the Daily Mail sends a remarkable account of a great scientific discovery. According to the correspondent the discovery is a method of using atmospheric electricity without chemicals or dynamos and practically applying it without any motive power.

The discoverer is Senor Clemente Figueras, engineer of Woods and Forests for the Canary Islands, and for many years professor of physics at St. Augustin's college, Las Palmas, and long known as a scientific student. Hitherto he has zealously guarded the secret of his labors, fearing that a premature revelation might rob him of his reward.

Even now, while he claims to have entirely succeeded he remains silent regarding the exact principles of his discovery. He claims, however, to have invented a generator, which can collect the electric fluid, to be able to store it, and to apply it to an infinite number of purposes, for instance, in connection with ships, railways and manufactories.

He says he expects the effect of his discovery will be a tremendous economic and industrial revolution. He will not give the key to his invention, but declares that the only extraordinary point about it is that it has taken so long to discover a simple scientific fact. The people of the Canary Islands consider Professor Figueras to be very clever, and they firmly believe that his invention is genuine.

He had his apparatus made in separate parts in Paris, Belin and Las Palmas, and fitted them together himself. The firm in Berlin which supplied some of the parts was curious enough to send to the Canary Islands an emissary to try to draw the professor, but the attempt was unsuccessful. Professor Figueras is shortly going to Madrid and Berlin to patent his invention.

A German electrical company is reported to have offered a large sum for the invention, while a syndicate in Barcelona has also made a generous offer. Neither advance has been accepted. This, the correspondent adds, is all that it is possible to obtain at present. No opinion can be expressed as to the value of the discovery until further details are known.

The Mail adds that it has learned from other sources that Professor Figureas has constructed a rough apparatus by which he obtains a current of 550 volts, which he utilizes in lighting his house and driving a twenty horse power motor. He is shortly coming to London with a perfected working apparatus. His inventions comprise a generator, motor and sort of governor or regulator. The whole apparatus is so simple that a child could work it.

Star Gazette N.Y., Elmira, 9 de junio de 1902.

www.ingramcontent.com/pod-product-compliance
Lightning Source LLC
Chambersburg PA
CBHW050103230526
45470CB00004B/1664